U0941982

谨以此书献给辛勤耕耘在公园建设管理服务的一线工作者及所有热爱和关心公园事业朋友们！

盛事滋生图（上）
唐宴乐园（下）

清院本《清明上河图》局部（上）
唐人宫乐图（左）
华山西园雅集图（右）

宴会

连战为颐和园听鹂馆题字（上）

颐和园听鹂馆与奥运接待（下）

颐和园听鹂馆举办的诺贝尔论坛（上）
周恩来 陈毅在颐和园听鹂馆（中）
西哈努克与钱其琛在颐和园听鹂馆（下）

八大处二处茶社（上）
颐和园水村居外景（中）
紫竹院公园茶室（下）

北海慈禧御点（上）

北海御膳堂的古装服务（下）

北海仿膳饭庄（上）

北海御膳堂（下）

北海公园（上）

北海团城（下）

颐和园

颐和园听鹂馆特色菜

1. 疆波闹海虾　2. 寿字人参鸭　3. 万字燕菜卷　4. 无极散花鱼　5. 宫门奉鱼　6. 万寿无疆筵席　7. 宫廷冷点　8. 宫廷面点　9. 红娘自配　10. 寿星香桃　11. 四方饺　12. 五福贺寿　13. 五谷丰登　14. 鸳鸯火锅　15. 御膳时蔬

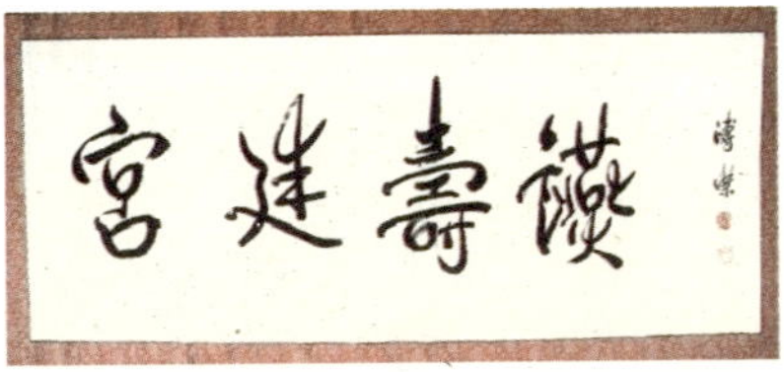

爱新觉罗 · 溥杰为颐和园听鹂馆题字（上左）

听鹂馆饭庄被评为北京市级非物质文化遗产（上中）

“听鹂馆”匾额（上右）　　听鹂馆内景（中左）

李敖为听鹂馆题字（中右）　　颐和园慈禧万寿庆典图（下）

颐和园夜景（上）

颐和园（下）

天坛

天坛公园祈年殿（上）

天坛古柏林（下）

天坛晏园餐厅（上）

天坛公园晏园餐厅内景（中）

天坛晏园特色菜肴——鸟巢献礼（下）

中山公园来今雨轩饭庄特色菜——雪底芹芽（上左）

来今雨轩饭庄内景（上右）

来今雨轩饭庄（下）

中山公园保卫和平坊

香山公园碧云寺（上）
香山公园（下）

动物园

上页：

北京植物园湖区景色（上）

北京植物园卧佛寺（中左）

北京植物园樱桃沟自然保护区（中右）

北京植物园卧佛山庄（下）

本页：

动物园豳风堂饭庄（上）

动物园正门花坛（中）

雪后豳风堂（下）

北京动物园（上）

动物园豳风堂菜肴——莲蓬海参（下左）

动物园豳风堂特色菜肴（下右）

青年湖公园

青年湖公园景色

青年湖玉馔堂外景

青年湖玉馔堂特色菜

1. 水晶鹅干　2. 盐鸡翅　3. 姜汗鱼片　4. 潭府酒烤肠　5. 麒麟鲍脯　6. 石岐乳鸽

公园建设管理服务丛书

公园饮食文化

Park Diet Culture

北京市颐和园管理处 主编

中国建筑工业出版社

图书在版编目（CIP）数据

公园饮食文化／北京市颐和园管理处主编．—北京：中国建筑工业出版社，2011.6
（公园建设管理服务丛书）
ISBN 978-7-112-13057-3

Ⅰ．①公…　Ⅱ．①北…　Ⅲ．①公园－饮食－文化－研究　Ⅳ．①TS971

中国版本图书馆CIP数据核字（2011）第043569号

责任编辑：杜　洁
整体设计：付金红
责任校对：陈晶晶　王雪竹

公园建设管理服务丛书
北京市公园管理中心　主编
公园饮食文化
北京市颐和园管理处　主编
*
中国建筑工业出版社出版、发行（北京西郊百万庄）
各地新华书店、建筑书店经销
北京嘉泰利德公司制版
世界知识印刷厂印刷
*
开本：880×1230毫米　1/32　印张：$6\frac{7}{8}$　字数：266千字
2012年1月第一版　2012年1月第一次印刷
定价：**28.00**元
ISBN 978-7-112-13057-3
（20465）

编委会 Editorial Board

Preface 序一

学科中的学科

——贺《公园建设管理服务丛书》出版

每个学科都有管理的多项内容，中国工程院设立了管理学部，遴选时先在所属学科评选，然后还要到管理学科评选。因此管理是学科中的学科，不同学科中以管理为中心的学科。风景园林有设计、施工、管理三个建设的环节，“三分种、七分管”是大家熟知的一句行话，其实不仅是种植，设计和施工是头两个重要环节，但相对是短暂的，唯有管理是长期的、持续发展的。它要长期体现设计的成就和施工的效果，风景园林管理是压台的大轴戏。

每个学科，甚至每种事物，你要钻进去看就是一个世界，如琴、棋、书、画、金石、集邮甚至火柴盒、香烟盒。这正说明了文化的综合交叉性。所以首先我们要认识公园管理的综合性。管理一般包涵行政管理和技术管理，所涉及的内容是极其广泛的，综合性是十分强的，强到很难划分范畴。仅就技术管理而论，北京这些古代园林，五坛八庙、三山五园、燕京八景，不论作为导游或管理者你必须了解通史和园林史、知道中国园林艺术传统文化内容、熟悉工程技术和植物生长发育的规律，还不得不掌握历史名人的诗情画意。一句话，园中的内容你都得说出个子丑寅卯来，这学问就大了去了。就看你钻研多深了，修行在个人。所以我说这套丛书第一个特色是它的综合性；第二个特色是它的专业性，写丛书的人大多是学科专家，不仅是实践的人才，也是研究的人才。说什么都从根源说起，一把扫地的扫帚、一把掸灰的拂尘，引经据典地释词义，让你知道来龙去脉，不仅是讲热闹，而且是内行讲的门道。言简意赅，深入浅出，让您既看得懂而又可无限地深入研究；第三特色是尽最大可能地贯彻科学发展观，实事求是地认识客观事物。从史出论、有观点、有印证，而且留有不断改进的余地。讲究而不将就，尽可能做到美好，美轮美奂。整套丛书，以图和照片相辅文字，以具象印证抽象，充分体现了公园是形象艺术的特色。

正因为这是一门“学无止境”的学问，盼望读者与作者互动，共同来不断提高它的质量。我在此向致力于本书的署名和不署名的人们致以诚挚的敬礼，感谢您们对学科建设所作的贡献。

2011 年 4 月 15 日

Preface 序二

公园是公众喜爱的游览、休闲和健身场所，已经成为百姓日常生活不可或缺的组成部分，特别是节假日活动的重要内容。同时，它既是城市生态环境建设和构建和谐社会的基础，也是中华传统文化和地域文化的重要载体。

有关城市绿化的书出版了很多，有不少涉及公园的内容。此套丛书作者都是每日在公园内劳作的工作人员，从公园建设、维护、管理者的角度来介绍公园。读过此书的感受到此书的特色，也许没有领导的高瞻远瞩，没有知名专家论述的深邃和专业，然而却是朴实而真实的，是用日积月累的辛勤汗水换来的，是与以往此类书籍相比的很大一个不同，相信将给读者带来全新的感受。就像同一个故事，有正史书籍，也有评书、还有电视剧，至于此套丛书会给大家何种感觉，相信每位读者都会有自己的认知。

由于工作关系，我也去过不少公园，每次都有不同的感受，随着时代的进步，社会经济各行业的发展，公众文化水平的提高，对公园的要求也越来越高，公园可以说是个小社会，包含了方方面面。此套丛书内容丰富，包含了八个方面的内容，特别是公园导游讲解、公园园容管理、公园餐饮文化、公园导览标识、公园文化活动等等都是以往的书籍很少涉及的内容，为我们介绍了鲜为人知的许多故事。

相信这套丛书能从新的角度、新的内容使普通的读者更全面、更理性、更深层次地了解公园，也能为更多的公园管理者得到启示和借鉴，感谢北京市公园管理中心为广大读者编辑出版了这套新颖的好书。

中国风景园林学会理事长

2011年1月19日

前言 Foreword

由北京市颐和园管理处组织编写的《公园饮食文化》一书，旨在全面介绍公园饮食行业历史文化特色以及服务、管理经验，探讨公园饮食行业未来方向。从历史、现状、发展三方面阐述公园饮食行业历程及成就，阐释饮食文化是园林文化的重要组成部分，强调园林的发展对饮食业发展的促进作用，是一部供社会公众及公园从业人员阅读、参考的科普性丛书。

中国的饮食文化源远流长，被誉为"烹饪之国"。自远古"茹毛饮血"的生食直至一道道流光溢彩的美味菜肴、宴席相继问世，进而形成鲁、川、粤、闽、苏、浙、湘、徽"八大菜系"。中国的饮食历经五千多年的历程，成为中华民族传统文化不可或缺的一部分，也是我国各族人民劳动成果与智慧的结晶。这其中除了有菜品的更新之外，更涉及食品制作技术、生产、消费、管理、服务、经营等多个领域，也与文学、艺术、民族、宗教等领域有着密切的联系。讲求"色香味形"、"五味调和"的中国饮食不仅深受国人的喜爱，在世界上也享有盛誉，其视野之广、层次之深、内容之博，在世界饮食文化中堪称典范。

中国的公园发端于古典园林，古典园林的源头即商周时期供帝王、贵族狩猎、享受之用的"囿"，随着历史的发展不断演进，在三千余年的历程中逐步形成以皇家园林、私家园林、寺观园林为代表的庞大中国园林体系。作为人类文明的遗产，中国的古典园林追求崇尚自然、高于自然的意境，无论叠山、理水还是植物配置、建筑风格无不浸透着中国文化的内涵，凝聚着中国人的精神品格。20世纪初，随着中国社会的变革以及西方文明的影响，中国的古典园林逐步向现代公园转化，颐和园、北海等著名的历史名园相继对外开放，成为广大公众服务的公园。

饮食文化是公园文化的重要内容，两者之间的密切联系古已有

西园雅集图

之。随着古典园林由雏形逐步发展成熟，王侯将相、文人墨客在园林中的宴饮活动也渐渐成为惯例。园林中的宴饮活动不仅是品尝美食本身，宴饮间吟诗、作画、听戏更是必不可少的。西汉梁孝王聚文士于兔园饮酒，便有枚乘作《梁王兔园赋》，东晋文人于会稽山行曲水流觞，修祓禊之礼，成就了王羲之的《兰亭集序》。唐代阎伯屿于滕王阁大宴宾客，王勃吟出："落霞与孤鹜齐飞，秋水共长天一色"的千古绝句。北宋苏轼、苏辙等名士于王诜家庭院中饮酒、赋诗，于是李公麟绘《西园雅集图》，为后世画家称赞不已……诸如此类的园林宴饮使饮食融入园林之中，也将饮食与文学、艺术、哲学关联起来，形成高层次的园林饮食文化。至古典园林转变为公园，公园中的饮食不再是达官显贵的专属，具备了为社会大众服务的功能，也使公园饮食文化的内涵更加丰富。阐述公园中的饮食以及与之相关的文化现象方面的书籍为数尚少，因此向读者普及公园饮食领域相关知识，挖掘公园饮食文化内涵，即是我们编辑本书的初衷。

本书编写所需资料主要依据公园饮食行业工作资料以及饮食、公园相关论著、论文。从公园餐饮行业历史沿革、菜品、名人轶事、服务、管理、发展趋势等角度全方面、多层次地介绍公园饮食行业文化。在撰写的过程中注重可读性、趣味性以及实用性。读者若能够从中了解到公园饮食行业的基本状况，并体会公园饮食文化的底蕴以及饮食对于公园行业的重要性所在，那将是我们莫大的荣幸。

编者
2011 年 2 月

Contents 目录

第 1 章　中国饮食文化的发展

1.1　中国饮食发展概况

中国的饮食文化经过了几千年的发展，已经成为中国传统文化的一个重要组成部分，在长期的发展、演变和积累过程中，中国人在饮食结构、食物制作、食物器皿、营养保健、饮食审美、饮食环境等方面，逐渐形成了独特的饮食习惯和文化。同时饮食文化伴随着园林文化的发展而发展，成为园林文化中不可或缺的内容。

从沿革看，中国饮食文化绵延五千多年，分为生食、熟食、自然烹饪、科学烹饪 4 个发展阶段，推出 6 万多种传统菜点、2 万多种工业食品、五光十色的筵宴和流光溢彩的风味流派，获得“烹饪王国”的美誉。真正可以归结为文化的饮食，是在人类文明出现、告别茹毛饮血的生食时代后才逐渐产生和发展的，而此发展历程，又与中国古代园林的出现、发展相吻合，并相依相生，形成园林与饮食最密切、原始的结合方式。

从内涵上看，中国饮食文化涉及食源的开发与利用、食具的运用与创新、食品的生产与消费、餐饮的服务与接待、餐饮业与食品业的经营与管理，以及饮食与国泰民安、饮食与文学艺术、饮食与人生境界的关系等，深厚广博。园林是文化内涵最为丰富的空间场所，因而，园林中的餐饮，更能在挖掘和表现文化的范畴做足文章。

从外延看，中国饮食文化可以从时代与技法、地域与经济、民族与宗教、食品与食具、消费与层次、民俗与功能等多种角度进行分类，展示出不同的文化品位，体现出不同的使用价值，异彩纷呈。

从特质看，中国饮食文化突出养助益充的营卫论（素食为主，重视药膳和进补），并且讲究“色、香、味”俱全，五味调和的境界说（风味鲜明，适口者珍，有“舌头菜”之誉），奇正互变的烹调法（厨规为本，灵活变通），畅神怡情的美食观（文质彬彬，寓教于食）等四大属性，有着不同于海外各国饮食文化的天生丽质。中国的饮食文化除了讲究菜肴的色彩搭配要明媚如画外，追求用餐的氛围而产生的一种情趣，已成为饮食文化最具魅力和潜力的因素。它是中华民族的个性与传统，更是中华民族传统礼仪的凸现方式。一千年前，滁州太守欧阳修（图1.1–1）在醉翁亭（图1.1–2）大宴宾客，酒后写下名篇《醉翁亭记》，“太守宴”也因此流传千古，如今“太守宴”的文化依然在滁州一代传承并发扬光大。始于康熙年间、盛于乾隆时期的“千叟宴”，是清宫中规模最大，与宴者最多的盛大御宴，在清代共举办过四次。最为盛大的康熙五十二年（公元1713年）的“千叟宴”，康熙帝布告天下耆老，年65岁以上者，官民不论，均可按时赶到京城参加畅春园的聚宴。这一显示治国有方，太平盛世，并表示对老人的关怀与尊敬的“千叟宴”，便是在皇家园林中举行的，其盛况一时传为佳话。

从影响看，中国饮食文化直接影响到日本、蒙古、朝鲜、韩国、泰国、新加坡等国家，是东方饮食文化圈的轴心；与此同时，它还间接影响

图1.1–1　欧阳修（左）
图1.1–2　琅琊山醉翁亭（右）

到欧洲、美洲、非洲和大洋洲，像中国的素食文化、茶文化、酱醋、面食、药膳、陶瓷餐具和大豆等，都惠及全世界数十亿人。

从概念上来说，饮食与饮食文化是指饮食食物、饮食烹饪制作加工、饮食器具以及在此物质基础之上的饮食思想、饮食哲学、饮食科学、饮食艺术、饮食文化交流等精神层面。自原始社会起，中国饮食经历了由简单到复杂，由低档到高档的漫长演变。当真正意义上的“园林”产生之后，中国饮食文化的发展进入了全面发展时期。

总之，中国饮食文化是一种广视野、深层次、多角度、高品位的文化；是中华各族人民在五千多年的生产和生活实践中的创造和积累，也是对世界其他国家有深远影响的物质财富及精神财富。

1.2　中国饮食发展的阶段性

图 1.2–1　燧人氏教民煮食图

原始社会人类最初以生冷食物为食，或以植物的枝叶、果实充饥，或生食兽肉。火的发明和使用改变了人类生食的历史，进入“熟食时代”。生活在中华大地上的人类祖先最初利用天然火加工、烤制食物。如北京人所用的火可能是从天然火中取来，苗族、佤族、哈尼族、羌族等少数民族祖先用火也有类似的传说。随着熟食的普及以及人类迁徙范围的扩大，取用天然火变得十分不方便。于是又出现了人工取火，分为摩擦、打击、钻木和压击，四种方法（图 1.2–1）。

火的使用使中国人的祖先吃上了易于吸收的“熟食”，减少了疾病，增强了体质。同时也扩大了食物来源，一切可以烧烤的食物皆可食用。谷物、蔬菜、肉类也由此变成了美味。先民们的生活范围也扩大了，由偏远的山林迁往平原、江河岸边，脱离了与野兽为伍的恶劣环境，开始了聚居生活。

农业和畜牧业也在此时出现，大约6000～7000年前，人们开始大量种植谷物，如粟、黍、麦、菽（豆）、麻、稻等。到了新石器时代，又开始饲养马、牛、羊、鸡、犬、豕等牲畜，进一步改善了物质生活。

相关研究表明，原始社会时期我们的祖先已经掌握了酿酒的方法，当时酿酒所用的原材料主要有树干、花朵、果实、粟、稻、蜂蜜、乳类等。酿酒的方法分为甜酒酿制和水酒酿制法，甜酒酿制不蒸馏、不加水仅加入发酵剂，水酒酿制则需加适量的水。

夏商时期食物资料更加丰富。当时习惯于以"五"为系列统称食物。如五谷（稷、黍、麦、菽、麻籽）、五菜（葵、藿香、蒜、葱、韭）、五畜（牛、羊、猪、犬、鸡）、五果（枣、李、栗、杏、桃）、五味（米醋、米酒、饴糖、姜、盐）。

酿酒业有了迅速发展，酿酒作坊普遍增多，并形成了批量生产规模。酒的品种也相应增多，如浊甜酒、粮食白酒、薄味酒、果酒、药酒等等。饮酒逐步为社会大众所接受，在接待来宾、奖励战功、加官晋爵、祭祀祖先之时均少不了饮酒，在贵族阶层日常饮食中饮酒更是习以为常。

食品加工技术也有所提高，当时的人们发明了磨盘、碾棒、杵臼等粮食加工工具，将谷类粮食脱粒除壳成为能够蒸煮的"粒食"。饮食器具以陶器为主，无论贵族、平民均可使用，种类多样。常用的炊器如鬲、鼎、罐、瓮等，食器如簋、豆、钵、碗等。

夏商贵族阶层饮食重乐，即所谓"钟鸣鼎食"，即王室、上层贵族在平常宴饮或举行祭祀宴会时伴有音乐、歌舞助兴。奏乐时一般是鼓、磬、铃等交奏，又有乐歌、乐舞。乐舞配有专门的饰物，如鸟兽道具等。在宴会结束后，要将剩余的食品撤入厨房内，这一过程也有音乐伴奏。

夏商时期，由于市场的初始化发展，饮食开始作为行业出现，即

图 1.2–2 大禾人面铜方鼎（商后期）（上）

图 1.2–3 刖人鬲（西周晚期）（下）

饮食业（或称饭食业）。在夏、商两朝的都城市肆中有肉铺、饭馆等饮食行业，经营饭食。这些店铺即是中国饮食业的源头。

西周、春秋战国时期食品加工和烹饪技术更趋进步，特别是春秋战国时期铁的发明使铁制锅釜成为廉价、实用的烹饪工具，加之油烹法的盛行，使烹调技艺更加丰富（图 1.2–2、图 1.2–3）。"食不厌精、脍不厌细"的饮食理论在此时出现，并产生了宫廷菜、名菜、筵席。如著名的"周代八珍"是专为周天子而烹制的"盛宴"，由二饭六菜组成。采用烤、炸、炖等三种烹饪方法，经十余道工序制成。"八珍"开创了用多种烹饪方法制作菜肴的先例。如今的菜品还有沿袭"八珍"之名的，如"八珍糕"、"八珍面"、"八宝粥"之类。此外，席地分食、王公宴礼及餐前行祭等饮食礼仪也在这一时期形成，对后世产生了深远影响。

随着酿酒技术的提高，酒的种类有显著增加，如"旨酒"、"杜康"、"黄流"、"秩酒"、"澄酒"、"瑶浆"、"琼浆"、"香茅酒"、"桂酒"等等。无论宫廷还是民间都形成了饮酒风习，周王室还设有掌管酒生产和政令的官职，专门为周王室饮酒奔劳。此外，周武王灭商后在巴、蜀一带的西南各民族已经开始种植茶叶，此后饮茶之风逐渐在荆楚、汉中、长江三峡一带传播，进而影响至整个中国。

秦汉时期被称为"四大菜系"的鲁菜、苏菜、粤菜、川菜已初具雏形。秦统一六国后，大体形成川、鲁、苏三大菜系，至西汉又出现了南北风味分野，北菜以秦、鲁、豫、晋为主，南菜以西南、中南的湖南、湖北、巴蜀一带为主导。华东的淮扬菜、金陵菜，岭南的粤、闽菜也有较大影响力。

淮南王刘安府中方士创制的“豆腐”成为当时一大新发明。汉代又新兴茶饮料，产茶以四川为最。至三国时，茶已经普及。西汉“文景之治”，促进了民间饮食业的发展，设有专门为官员提供饮食服务的驿馆，在长安市内出现了大批饮食店，形成“熟食遍地”的热闹景象。

秦汉时期使用含有霉菌和酵母菌的“曲”酿酒，即“复式发酵法”，推动了酿酒业的发展。饮酒之风日盛，贵族、平民均喜好饮酒，酒的礼仪、祭祀功能为时人最看重之事（图 1.2–4）。

魏晋南北朝时期中国饮食呈现胡汉交融的特点。由西域、东南及南方沿海等地迁徙至中原的各民族分别传入胡羹、胡饭、烤肉、叉烤、腊味、烤鹅、鱼生等食品及烹制方法，丰富了中国饮食文化的内容。另一方面，随着佛、道两教的兴起，素菜应运而生，并逐渐形成独到的饮食风格。炒菜是此时发明的烹调方式，炒菜速度快，又节能，炒出来的菜肴味道、色泽俱佳，它的发明是中国饮食史上的一件大事。

酿酒技术有了新的进步，明确划分为制曲、投料酿酒两个阶段。酒的种类也更加丰富，粮食酒如九酝春酒、女儿酒、糯米酒等，果品酒如葡萄酒、青田酒等，另有在成品酒中配加其他物料制成的调治酒，

图 1.2–4　汉羊尊酒肆画像砖

图 1.2–5　唐人宫乐图（上）
图 1.2–6　李白春夜宴桃李园图轴（下）

如椒柏酒、胡椒酒、松醪酒等。饮酒已从日常饮食发展为具有娱乐、文化双重功能的社会活动，饮酒与歌舞、祭祀、庆典、吟诗等等有着密切的联系，渗透至生活的各个层面。

茶叶的生产主要集中在巴蜀地区，长江中下游的浙江、湖北等地则是后来逐步发展起来的产茶地。饮茶风气渐渐形成，出现了以饮茶为嗜好的人群，特别是佛教寺院广种茶树，并引导僧徒饮茶、修行，对茶的生产及茶文化的普及产生了重要影响。

隋唐时期菜肴的种类十分丰富，并逐渐形成体系。唐代京畿地区的饮食形成四大流派：宫廷派、官府派、饮食市肆派、寺院道观派（图 1.2–5，图 1.2–6）。当时的食物原料种类增多，除了传统的谷物、肉类之外，还有水产品、禽类以及从西域、欧洲传来的各种蔬菜。唐代宫廷菜是当时档次最高的菜品。由于是给皇帝烹制的菜肴，这些菜均不计成本，只注重菜的质量，精工细作、美味多滋、造型精巧。比较著名的如驼蹄羹、驼峰炙、消灵炙、五色饮、五香饮等。

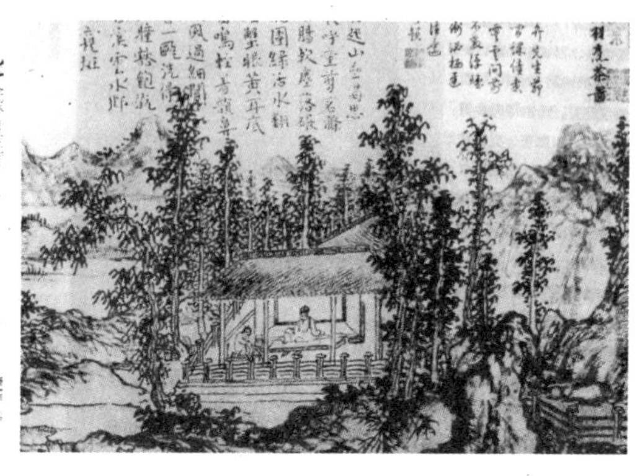

图 1.2–7 李白《醉兴》诗意图（左）
图 1.2–8 陆羽烹茶图（右）

酒和茶成为隋唐时期最主要的饮品（图 1.2–7，图 1.2–8）。酒的生产有了巨大发展，形成官酿、家酿、坊酿[①]三种系统生产模式。政府为了管理酒的销售、税收，制定了酒榷制度，使酒的经营更加规范。酒文化的发展更加深入，歌舞佐酒成为人们追求身心愉悦的文化活动，宫廷、民间载歌载舞的场面处处可见。饮酒行令也非常盛行，酒令分为牙筹、香球、骰盘、莫走、送钩、射覆等多种方式，成为唐代酒文化中的特色之一。饮酒赋诗成为文人聚会的传统模式，同时也促进了唐代诗歌艺术的发展。

茶的种植与加工技术也有显著提高，人工栽培茶叶逐渐普及，茶叶生产规模逐渐扩大，遍及南方各个地区。饮茶之风盛行，隋唐时期的茶道已发展成熟，在烧水、烹沏、调和、饮用、器具等各环节都有专门的讲究与学问，茶道成为一种艺术，使茶文化得到了进一步发展。人们对茶的认识更加深入，茶的养生功效逐渐为人们所重视。

饮食业十分繁荣，成为商业市场的重要组成。有固定地域的饮食店，也有流动做买卖的挑子，有风味小吃店，也有高级酒楼。长安的东西两市各有分工，东市主要是国内贸易，国内各地商人

① 官酿即由朝廷专门设置的酿酒机构酿酒；家酿即私家酿酒，自酿自用；坊酿即酒坊或酒肆酿酒，可销售获利。

图1.2–9 青瓷葫芦尊（左）
图1.2–10 秘色瓷碗（右）

云集于此。西市是做国外贸易，有大约二、三百个国家的商贾聚集在这里。

在饮食器具方面，随着白瓷、青瓷等精美瓷器的大量生产，瓷制餐具逐渐普遍，不仅质量、工艺日趋精美，而且保证了饮食卫生（图1.2–9，图1.2–10）。唐代发明了椅子，饮食方式由传统的席地跪食改为围坐进食，原来的分食制也改为合食。饮食的燃料也有进步，煤、木炭在隋唐时期开始应用于饮食烹饪，成为主要的燃料。

宋代饮食文化达到前所未有的高度，食品名目繁多。北宋的开封是全国饮食文化的中心，城内汇集各式南北菜肴，并出现了大量水产品。菜肴在色、香、味、形上都十分讲究，做法有煎、炒、烹、炸、烧、烤、炖、溜、爆、煸、蒸、煮、拌、泡、涮等等。烹调技艺更加成熟，在厨事分工上越来越趋向于专业化，厨师逐渐成为一个专业化的职业群体。

面食十分讲究，品种很多。当时以面粉制成的食品都称为“饼”，分为烧饼、汤饼、蒸饼等。烧饼又称胡饼，有门油、菊花、宽焦、侧厚、髓饼、满麻等品种。蒸饼就是笼中蒸成的馒头，又叫笼饼，与今天的馒头类似。《水浒传》中武大郎在街头卖的“炊饼”，据说也是指馒头。汤饼是面片汤，后来演变为面条。宋代的汤饼有软羊面、桐皮面、插肉面、桐皮熟烩面、猪羊案生面、丝鸡面、三鲜面、笋泼肉面等等。

酿酒技术比唐代有了明显提高，制曲方法的改进推动了酿酒业的发展。酒的种类明显增多，大致分为黄酒、果酒、配制酒、白酒四种类型。名酒层出不穷，据文献记载，宋代的名酒达 300 种之多。饮酒方式也多种多样，如对饮、豪饮、夜饮、晨饮、昼夜酣饮等等。

南方剑南、江南、淮南、岭南诸道均产茶叶，两浙、福建、荆南等地是著名的产茶区。茶叶的种植规模也有所扩大，出现了大量的官茶园和私茶园。饮茶之风深入社会各阶层，饮茶方法又有进步，出现了高雅的点茶法，比唐代更加讲究，分为炙茶、碾罗、候汤、点茶等过程。宋代茶道以茶的色、香、味统一为目标。追求艺术氛围，赏花、观画、听琴、吟诗等是饮茶活动中的常见项目。

饮食业包括酒楼、食店、饼店、茶肆、荤素从食店等，在餐厅环境，服务质量上都有所提高。此时饮食市场已打破了市、坊的界线，解除了夜间宵禁制度，出现了更为繁荣的景象（图 1.2–11）。人们的饮食结构也渐渐改变，养成了吃夜宵的习惯，原来的两餐制也发展为三餐。

中外饮食文化交流日益频繁，交流范围包括东亚、东南亚、北非、东非等等，此时的交流无论深度、广度都超过以往，人们的饮食方式也随之发生改变。

图 1.2–11 清明上河图局部

辽金两代相继入主中原的契丹族、女真族受到宋人农耕文化的影响，逐渐改变以狩猎、畜牧为主的生活方式，饮食文化随之变化。如辽朝宫廷仪式中有“行酒”、“行茶”礼，在饮酒、饮茶的同时有乐舞伴奏，形式复杂，即是受到了中原饮食的影响。再如，金人也学会用米饭、胡饼、炊饼来招待宋朝使者。此外，一些具有辽、金特色的饮食习俗也对境内外汉人的饮食产生了一定影响。

元代统治阶层蒙古族在定都大都以前以畜牧业为生，饮食以肉、奶为主，很少吃粮食。其宫廷的大型正式宴会“衣宴” 仍保留着席地围坐、炭火烤食的传统食法。元世祖建元朝定都大都后，汲取了汉人的饮食方式，食俗发生了很大变化。饮食丰富，品种增加许多。主食增加了饭、馒头、饼，副食则有各种鱼、蛋、蔬菜。而江南地区的饮食生活则更加丰富多彩，他们饲养牛、猪、鸡等牲畜。米饭有吴兴的香糯，又有苕溪著名的鲜鲫鱼为羹。随着元朝疆域的扩大，各民族交流的加深，饮食文化也有新的发展。涮羊肉、月饼成为当时常见的食品，烤全羊也产生于元大都，流传后世，成为至今仍存在的美味佳肴。从波斯、中亚、阿拉伯迁徙而来的穆斯林与元朝当地民族融合成为——回族，将清真文化传入中国。

酒类饮品中，以马奶酒、葡萄酒、粮食酒、药酒最为盛行。其中，马奶酒是蒙古族的传统饮品，葡萄酒则可能是蒙古西征时由欧洲传入，粮食酒、药酒则是受汉族文化影响而生产的酒品。此外，元代还从海外引进蒸馏技术，使蒸馏酒逐渐在我国普及。

茶叶产地主要集中在江浙、江西、湖广三处及四川、云南等地。从制作方法上分类，茶可分为“茗茶”、“末茶”、“蜡茶”三种。茗茶即锅炒散条形茶，末茶即采摘后捣碎的茶叶，蜡茶是末茶中的精品，选上等茶叶碾碎后再加入上等膏油制作而成。饮茶方式主要有两种，一是以汤煎饮，一是沸水冲泡。

明清时期是中国饮食达到鼎盛期。随着南北菜系的进一步发展，最终形成了苏、粤、川、鲁四大地方菜肴体系。在此基础上又发展为鲁、川、扬、粤、湘、闽、徽、浙八大菜系。饮食制作工艺、烹饪技法更为纯熟，并逐渐形成传统。菜品讲究色、香、味、形、声、器六美兼备，而且要求做工精细，又有滋补、营养效果，连菜品的名称也典雅得体，文学色彩浓厚。具体而言：

明代在饮食结构上有了很大变化，小麦、小米、高粱的种植不断扩大，成为北方地区的主要粮食作物。加之明代对外交往增加，一些异国食品如玉米、甘薯、西红柿、马铃薯、花生、向日葵等异国食品传入，很快在全国普及，成为人们日常食用的食品。花卉类原料进入饮食原料的行列，各种花卉可以制作美味佳肴、糕饼饭粥，还可直接食用。

明代的茶叶种类繁多，虎丘茶、天池茶、罗岕茶、六安茶、龙井茶、天目茶是最有名的六种。在饮茶时明人更加追求茶原有的香气和滋味，对水质也有严格的要求。优质的茶与水的良好融合是饮茶的高层次享受。在饮茶方式上，明代出现了的沸水冲泡法，即瀹茶法，开创了饮茶新方式（图 1.2–12）。

图 1.2–12　品茗评雪

明代饮食的另一特点是文人结社聚餐、饮宴。据说结社的文人社团有近 200 多个，南方、北方均有。比较著名的如吴中四才子、台州三学、嘉定四先生、嘉靖八才子、中朝四学士、东海三司马、公安三袁、杨门七子等。会餐为所有社团活动的重要形式，在会餐的过程中文人们以酒会友，以食联谊，并吟诗作画，高谈阔论。他们的"饮食社团"风雅、充满情趣，成为当时社会的时尚之举。

清代饮食的上乘之品当属宫廷饮食。清代宫廷饮食保留了满族传统习俗。饮食原料以东北特产的粮、肉、蛋、菜为主，包括宫中膳食、筵宴、年节饮宴、巡幸饮宴等。乾隆时期，是宫廷饮食飞速发展时期，清宫菜的特点是选料精细、规法严格、厨务分工明确，盛器精致美观，礼仪隆重。宫廷饮食是清代帝后日常生活的重要组成，同时也是封建礼法的具体体现。内务府、光禄寺是清代宫廷饮食的管理机构，其下设御膳房、御茶房、寿膳房等，负责办理各类宫廷饮宴活动。每逢重大筵宴，均有歌舞助兴，首先是奏乐，然后由歌舞艺人表演歌舞，皇帝用膳毕，鸣鞭奏乐还内宫（图1.2–13，图1.2–14）。

除了宫廷菜著名之外，清代还有官府菜、寺观菜等等。其中对后世饮食影响较大的是官府菜，较具特色的有祖庵菜、随园菜、孔府菜、谭家菜四大私房菜。在民间各式全席不断涌现如全藕席、野味全席、烧烤全席、全龙席、全凤席、全羊席、全牛席、全鱼席、全蛋席、全鸭席等等。满汉全席在所有全席中最具代表，满汉全席兼有满汉两族风味，是清代皇室、贵族举办的盛大宴席，菜肴多达上百种，融合了中国南方北方的风味，满汉全席的出现是清代饮食兴盛的标志。

清代的小吃也各具特色，一些老字号店铺的小吃需用专门的原料、

图1.2–13　乾清宫宝座台

图 1.2–14　乾隆寿庆图

图 1.2–15　艾窝窝（上）
图 1.2–16　龙井茶（下）

制作方法及加工、贮藏办法，方能保证食品的味道经久不变。比较有名的小吃如北京的艾窝窝（图 1.2–15）、年糕、豌豆黄、奶酪、江米藕、栗子糕、八宝莲子粥、羊肉氽面、爆肚、灌肠等等，天津的"狗不理"包子、元宝酥、炸蚂蚁、锅巴菜、羊肉粥等，上海的绿豆糕、花糕、薄荷糕、汤包、小笼馒头等，陕西的羊肉泡馍、馄饨、油酥饼、油糕、油泼箸头面、臊子面、蜂蜜凉粽子、黄桂柿子饼等，四川的川北凉粉、五香糕、灯影牛肉、韭菜合子、什锦烩面、芝麻圆子等等。南北各地的精美小吃，美味可口、琳琅满目，并且带有地域性、民族性的特征，反映了清代饮食的多元化。

在饮品方面，清代的皇帝、贵族皆以饮茶为雅。文人儒士也常在闲暇之余借饮茶陶冶情操。常见的茶如绿茶、花茶、奶子茶，再如乾隆皇帝喜爱的龙井茶（图 1.2–16）则是茶中极品。中药代茶饮即药茶在清代趋于完善，以独特的防病祛病功效受到百姓及王公贵族的青睐。著名的御医姚宝生曾以一味"清热代茶饮"治疗慈禧太后的咽喉疼痛。清代皇帝及后妃们也常饮用祛暑类的代茶饮以防御疾病。

饮酒也是清人生活中的重要组成，皇室、贵族在婚礼、节庆、祭祀时多会举行一些与酒有关的文化活动，民间也有文人自办的"酒社"。酒文化较前代有所发展。清人从礼仪、酒德等方面规范饮酒，因此饮酒在清代是体现饮者涵养与学问之道的风尚。

清代的酒楼、饭庄主要集中在街市、风景名胜区以及水陆码头，并且出现了较有特色的饮食街。如北京前门大街（图 1.2–17）、上海城隍庙（图 1.2–18）、南京夫子庙、苏州玄妙观、杭州西湖、汉口汉正街、重庆朝天门、西安钟鼓楼、广州珠江岸、

图 1.2–17　前门大街（上）
图 1.2–18　上海城隍庙（下）

图 1.2–19　全聚德的烤鸭（上）
图 1.2–20　月盛斋的酱牛肉（中）
图 1.2–21　稻香村的点心（下）

开封相国寺、天津“三不管”等。饮食业繁荣的同时也涌现出不少名厨。烹制“什景点心”的陶方伯夫人，四川“麻婆豆腐”的创始人陈麻婆，善做“什锦豆腐”的文思和尚，善做“鳝鱼菜”的小山和尚，“狗不理包子”创始人高贵友，“佛跳墙”创始人郑春发，“叫化鸡”创始人米阿二，“宜兴张烧鸡”创始人张炳，“散烩八宝”创始人肖代，“皮条鳝鱼”创始人曾永海等等。

民国时期随着科技进步及机械化原料加工水平的提高，小麦、水稻、高粱等主食产量增加，为人们的基本生活提供了保障。从西洋引进的番茄、卷心菜、洋葱等也逐渐普及，成为人人皆能吃到的蔬菜。从国外进口的洋米、洋面、洋罐头等食品，也使饮食原料更加丰富。在饮料方面，除了有传统的中国茶、酒之外，西方的汽水、咖啡、啤酒、葡萄酒、冰激凌等也逐渐被一些中国人所接受。

民国时各地饮食业广泛交流，形成众多风味、品种的菜肴，传统的老字号餐厅在激烈的行业竞争中稳固下来，继续传承传统菜肴。国内各地都涌现出一些著名的老字号，北京有全聚德的烤鸭（图 1.2–19）、鸿宾楼的清真菜、月盛斋的酱牛肉（图 1.2–20）、稻香村的点心（图 1.2–21）、和顺居的砂锅白肉，仿膳、听鹂馆的清宫菜肴等等。天津有以聚庆成、聚和成、义和成等为代表的“八大成”高级饭庄，以庆兴楼、会芳楼、会宾楼等为代表的“十二楼”风味清真菜，以真素楼、蔬香楼等为代表的素菜馆。上海有秦和酒楼、鸿运楼、大中园等上海菜馆，也有三兴园、得和馆等江苏、无锡餐馆等。南京有金陵春西菜馆、绿柳居素菜馆等老字号兴盛的同时，也出现了新兴的西式餐馆。

如北京的北京饭店（图 1.2—22）、六国饭店，上海的汇中饭店、国际饭店等等，西餐的出现使中国传统的餐制、餐具也发生改变，分餐制以及刀、叉等精美的西餐具逐渐受到中上层人士的喜爱。

图 1.2—22　北京饭店

1.3　中国饮食文化的地位与影响

饮食在中华文明史上具有独特的历史地位，是中国文化的根基，它对中国文化的各个方面产生了极其重大而深远的影响。

1.3.1　饮食与园林

研究园林者大多偏爱中国传统饮食文化。著名园林大师陈从周老师在一次课上，用烧鱼作比喻。他说，南方和北方烧鱼的方法和入盘方式不一样，表明了两地的文化差异。北方，往往会把一整条鱼红烧后，盛入盘中，用餐时，鱼的上半部吃肉露骨后，要将鱼翻过身来。用筷子翻鱼，一个人一双筷完不成，于是两个人两双筷一起上。结果把鱼弄得七零八落，实不雅观；南方，特别是广州一带，把洗好浸好的鱼，先从头到尾分为二，对开，过油红烧后，盘中先用菜肴填底，然后把鱼头至鱼尾完整的两片鱼放置在菜底上面，看上去像两条鱼，吃起来也不要把鱼翻身。他当堂问学生，哪种做鱼的方法好。回答当然是南方的好。陈教授接着说，园林如烧鱼，园林也有南北之分，中国江南园林的特点就是“咫尺之地，容我周旋”，所谓“小中见大”。把一条鱼烹做成两条，也有小中见大之理。园林中的风景建筑，不应该堆成一团，宜散不宜聚。把一条鱼做成两条也是“散”，看起来更美，更有味。

现代主义建筑大师贝聿铭先生也十分喜好美食，在设计香港中国银行大楼时，贝聿铭领着他的合伙人，从中央街区后面山坡上去，来到街头小吃中心，贝聿铭说："先喝汤，接着吃鸡块和猪肉，纸片薄的鲍鱼、螃蟹、虾、鸭子等，享受不同的风味小吃"。这不仅是对中国特色饮食的爱好，而且是一项生活体验，是一项在中国开展设计的必修课。

对于当今，设计茶室者不懂茶文化，不会品茶；设计饭店者不熟悉美食，不了解环境对餐饮的文化体现，不了解厨师需求；设计豪华别墅的没睡过高档别墅；只是简单模仿抄袭，必定不能把事情做好。

1.3.2　饮食与哲学

饮食是人类生活经验中极其重要的部分，而这部分的生活经验又集中体现了人类早期的文化观念，而民族的哲学思维倾向也十分自然地包含在它丰富的内涵之中。

"和"是中国哲学与美学中的一个极为重要的范畴。《国语 · 郑语》曰："夫和实生物，同则不继，以他平他谓之和，故能丰长而物归之。"同样，"和" 也是中国饮食中的重要思想。春秋时的晏子就用人们的日常饮食生活非常浅显地解释深奥的哲学道理："和如羹焉，水、火、醯、醢、盐、梅，以烹鱼肉。燀之以薪，宰夫和之，齐之以味，济其不及，以泄其过。君子食之，以平其心。君臣亦然。……若以水济水，谁能食之？若琴瑟之专壹，谁能听之？同之不可也如是。" 这种对饮食整体性的把握，便表现了中国哲学的一大特点。

由此可见，中国饮食文化是寓博大精深的哲学内涵于饮食活动之中，深厚隽永；而在西方文化中，是难以在饮食活动中把哲学思想体现得如此丰富和深刻的。

1.3.3　饮食与文学

饮食在文学中的作用举足轻重，诗、词、散文、小说及语言文字中，都离不开饮食的作用。饮食，一方面为文学家提供了创作的动力，另一方面又成为文学家创作的一个百用不厌的主题。

诗与饮食自古以来便结有不解之缘。饮食中的酒，更是如此。"酒肠无酒诗不流，涩尽宫徵商羽角"；"饮中有妙旨，凭诗斟酌之"；"俯仰各有态，得酒诗自成"……古人的这些诗句，生动地说明了酒与诗歌的密切关系。从历史上来看，饮酒确实是"诗人之通趣"。他们作诗，往往借助酒所激发的激情、灵感来创作，借助酒的浓烈和力量使自己的诗更加浓烈和遒劲。三国时的曹操，晋朝的陶渊明，唐朝的贺知章、李白、白居易，宋朝的苏轼、陆游等等，都是历朝诗人好酒的典型代表。

小说创作与饮食也是密切联系在一起的。饮食为小说创作提供了丰富的素材，有助于文思；同时，小说创作又反过来促进了饮食的发展，为我们研究中国饮食史提供了宝贵的资料。《红楼梦》的创作，便是典型的事例。据鲁迅《中国小说史略·清之人情小说》云：清代伟大的现实主义作家曹雪芹（图1.3–1），"贫居西郊，啜饘粥"，但也"时复纵酒赋诗，而作《石头记》"。而曹雪芹在《红楼梦》中用将近三分之一的篇幅对清代饮食文化活动进行了生动而细致的描述。

图1.3–1 曹雪芹像

1.3.4 饮食与美学

中国古代的美学，产生于人们的饮食生活。如《说文解字》释"美"字为："甘也，从羊、从大，羊在六畜主给膳也。"羊肉味道鲜美，营养丰富，被人们视为美味的象征。古人正是在长期的饮食生活中，从羊的内在价值上认识美的意义。此后，美学观念始终贯穿在中国人的饮食中。色、香、味、形、器五佳的饮食美学观，更是中华民族几千年饮食文化史的结晶。

有的研究者还认为：中国古代多层次、全方位、多途径、多功能的饮食美学实践活动，不仅有其自身的特色、内涵和规律，而且它与自然美学、社会美学、伦理美学、工艺美学有着密切的关联。同时，上述饮食美学还构成了中国古代饮食美学体系的四大支柱，在追求、实现的目标与效应上，则是中国古代饮食自然美学活动——通过“食色”、“食香”，所要实现的目标与效应是人与自然界的和谐美。

1.3.5　饮食与艺术

中国饮食既是一门科学，又是一种独特的文化艺术。人们在追求色、香、味、形、器统一的同时，又讲究美食与良辰美景的结合。宴饮与赏心乐事的结合，并把饮食与美术、音乐、舞蹈、戏曲、杂技等艺术欣赏相结合，从而在一定程度上促进了文化艺术的发展。

1.3.6　饮食与礼仪风俗

中国在世界上有“礼仪之邦”的誉称。而这“礼仪之邦”的产生便是从饮食活动发轫的。《礼记 · 礼运》说：“夫礼之初，始诸饮食。其燔黍捭豚，汗尊而杯饮，蒉桴而土鼓，犹若可以致其敬于鬼神。”《说文 · 示部》云：“礼，履也，所以事神致福也，从示从豊；豊亦声。”又《豊部》：“豊，行礼之器也，从豆，象形。”

近代著名学者王国维先生在《释礼》一文中认为：“许君（慎）不知（丰丰）字即（珏）字，故但以从豆、象形解之，实则豐从豊在凵中，从豆乃会意字而非象形字也。盛玉以奉神人之器，谓之豐若豊，推之而奉神人之酒醴亦谓之醴，又推之而奉神人之事通谓之礼。”由此可见，原始的礼仪是从人们的饮食行为习惯开始的。

此后，饮食更是成为中国古代礼仪的重要组成部分和最外在、最普遍的表现形式。王力先生指出：“圣人制礼作乐，关于吃这一层总算是想得尽善尽美了。然而咱们的先哲犹嫌未足，以为食而不让则近于禽兽，提倡食中有让，……于是劝菜这件事也就成为《仪礼 · 乡饮酒礼》中的一个重要节目了。”当然，这种“尊让”、“致敬”的精神和宗旨，意在要求社会不同阶层的人们都得遵照礼的规定程序去从事饮食活动，以保证上下、老幼有别，从而达到“贵贱不相逾”的生活方式。由此形成的养老、敬老礼俗也影响中国社会达数千年之久。

1.4 中国饮食文化在世界上的地位与贡献

孙中山先生（图1.3–2）在《建国方略》中高度评价了我国的饮食文化，他说：“我国近代文明进化，事事皆落人之后，惟饮食一道之进步，至今尚为文明各国所不及。中国所发明之食物，固大盛于欧美；而中国烹调法之精良，又非欧美所并驾。”又说：“中国不独食品发明之多，烹调方法之美，为各国所不及。而中国人之饮食习尚暗合乎科学卫生，尤为各国一般人所望尘不及也。”从孙中山先生的论述中，我们可以看出，中国饮食在世界上的地位与贡献，主要集中在以下三点。

图1.3–2 孙中山像

1.4.1 食品发明之多远远胜于世界各国

在我国发明的成千上万种食品中，有许多已传入世界各国。如茶叶、大豆、豆腐、豆芽、豆酱、苹果、柑橘、面条、馄饨、煎饼、春卷、大饼、油条、米酒等，自隋唐时期开始便陆续传播到邻近的日本、朝鲜、越南、菲律宾、印度及欧美各国。

1981年，美国《经济展望》杂志曾预言说：“未来十年，最成功而又最有潜力的商品不是汽车，也不是电子产品，而是中国的豆腐。”目前，中国人发明的豆浆已成为风靡世界的植物性“牛奶”，在当今的欧美超级市场上，到处可以看到“维他奶”的豆浆。

1.4.2　中国烹饪技术精良，为人类创造了一个完整、科学的烹饪技术体系

孙中山先生指出：“烹调之术本于文明而生，非深孕乎文明之种族，则辨味不精；辨味不精，则烹调之术不妙。中国烹调之妙，亦足表明文明进化之深也。”又说：“昔日中西未通市以前，西人只知烹调一道，法国为世界之冠；及一尝中国之味，莫不以中国为冠矣。”历史事实也充分说明了这一点。在漫长的中国饮食史中，中华民族创造出了上万种烹饪菜点。这些菜点，不仅名目繁多、风味各异，而且大都具有色、香、味、形、器俱佳的特点，深受世界各国人民的称赞，被公认为“世界烹饪王国”。20 世纪 50 年代，英国首相麦克米伦曾经说过：“自从罐头问世以来，要想享受饮食文明，只有到中国去。”20 世纪 70 年代初，美国总统尼克松访华时，在品尝中国菜后，也曾称赞“中国的烹调举世无双”。

1.4.3　中国饮食合乎科学卫生，为“世界人类之师导也”

孙中山先生在《建国方略》一书中认为：“单就饮食一道论之，中国之习尚，当超乎各国之上。此人生最重之事，而中国已无待于利诱势迫，而能习之成自然，实为一大幸事，吾人当保守之而勿失以世界人类之师导也。”又说，“中国常人所饮者为清茶，所食者为淡饭，而加以菜蔬豆腐。此等之食料，为今日卫生家所考得为最有益于养生者也。故中国穷乡僻壤之人，饮食不及酒肉者，常多上寿。又中国人口之繁昌，与乎中国人拒疾疫之力常大者，亦未尝非饮食之暗合卫生有以致之也”。孙中山先生的这一观点已为现代科学所证实，以闻名天下的北京烤鸭为例，它就是一种非常卫生的食品，据徐振保先生《北京烤鸭威力无穷》一文载道：

美国国务卿基辛格每次访华，都要大嚼北京烤鸭。美国各大都市华人餐馆老板闻讯，即向美国公众推出北京烤鸭。不料，北京烤鸭在美国加利福尼亚州引起风波。原来该州有一条法律，规定各类食品加工后，必须以冷藏或热藏的方式保存，以防细菌污染。洛杉矶的华人酒楼按照北京烤鸭传统的制作工艺，鸭烤好后，放在空气中晾一刻钟至半小时，使鸭皮变得松脆。这可触犯了该地食品管理法，食品检察官派人把各店的烤鸭全部扔进垃圾箱，并课以罚金。华人酒家无端蒙受损失，为了证明这种名菜是符合卫生要求的，洛杉矶华人酒楼协会将一小批北京烤鸭送到加利福尼亚大学，请专家们检查，烤鸭是否沾染细菌。经专家们化验后证明：高温烤制的鸭子表皮干燥酥脆，不适宜细菌繁殖生长，是非常卫生的食品。化验完毕，那些专家们禁不住烤鸭诱人的香味，竟把剩下的烤鸭吃光了，边吃边赞美。此后，加州众议员阿特·托雷斯、参议员戴维·罗伯蒂提出了食品管理法修正案，建议给北京烤鸭以特殊的“豁免权”，制成后可免予冷藏或热藏。加州议会以54票对0票通过此项修正案。北京烤鸭真是威力无穷，竟使美国修改法律！这场风波见诸报端，无异给北京烤鸭做了一份特别广告，品尝北京烤鸭的顾客更多了。

第 2 章　中国园林文化与园林饮食文化的发展

2.1　中国古典园林的发展

中国的古典园林是现代公园的前身。古典园林的概念简单而言是在一定区域内，利用并改造天然山水地貌或者人为地开辟山水地貌、结合植物的栽植和建筑的布置，从而构成一个供人们观赏、游憩、居住的环境。山、水、植物、建筑是古典园林的四个基本要素，经过有机组合形成优美的园林景观，给人以美的感受。

皇家园林（图 2.1–1）、私家园林（图 2.1–2）、寺庙园林（图 2.1–3）是古典园林的三个主要类型。皇家园林是皇帝及皇室的御苑、

图 2.1–1　皇家园林颐和园

图 2.1–2　私家园林拙政园（上）
图 2.1–3　寺庙园林潭柘寺（中）
图 2.1–4　公共园林什刹海（下）

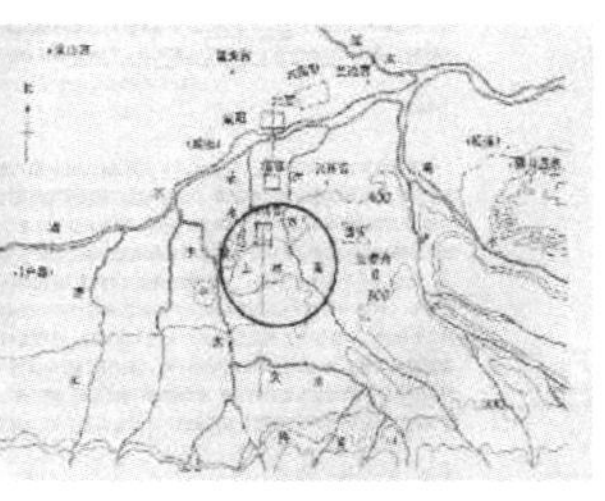
图 2.1—5　秦上林苑位置图

行宫、离宫。私家园林是古代贵族、官员的园、山庄、别墅等。寺观园林是佛寺、道观的附属园林。此外，城市、乡村中利用古迹、水系改造的供文人雅士、普通平民阶层交往、游憩的公共园林（图 2.1—4）也在古典园林之列。

古典园林既是物质文明也是精神文明，涵盖的范畴不仅仅是园林本身还涉及文学、艺术、哲学等多个文化层面。若想了解中国的历史文化不可不谈园林。

殷周时期的“囿”和“台”是中国古典园林的起源。“囿”是豢养禽兽的场所，专门供王室狩猎、祭祀。台是“山”的象征，是用土堆筑而成的方形高台，供王室观天象、通神明。

秦代建立统一的封建制中央集权国家，开始兴建大规模的宫苑集群，真正的皇家园林由此产生。在咸阳一带建有仿照六国建筑风格的宫苑，在关中则有上林苑、宜春苑、梁山宫、骊山宫、林光宫、兰池宫等。其中规模最大的是上林苑（图 2.1—5），著名的阿房宫是上林苑的核心建筑，供皇帝日常起居、朝会、庆典之用，是秦朝的政治中心。自此，在十二年中秦的离宫别院陆续兴建，达数百处之多。

汉代的园林建设在秦代基础上有了较大发展。一些皇家园林除了传统的帝王狩猎、通神之用外，还具备生产功能。如边塞各郡建有较多规模的“官营牧场”又称“牧师苑”，饲养马、牛、羊等牲畜。上林苑中则有工、农、林、渔等庞大的生产基地，其收益均属皇帝个人所有，由“少府”负责掌管。

汉代贵族、官僚、富豪在城市及郊区广治田产，兴建了一些规模较大的宅第、园池。如官员灌夫、霍光、董贤以及贵戚王室五侯的宅园。一些文人士大夫为了躲避政治斗争，也纷纷隐居郊野庄园。这些宅园、庄园便是后来私家园林的雏形。

魏晋南北朝时期的统治者多在都城建造皇家园林，以邺城、洛阳（图 2.1–6）、建康的园林最具代表性。此时的皇家园林已基本不再具备原有的狩猎、通神、生产功能，游赏功能成为主流。因此皇家园林的规划更加系统、精细，园林景观由山、水、植物、建筑四要素综合而成。既注重皇家气派，又注重在人工建造的同时突出天然之美。

此时民间造园成风，私家园林开始出现，大多建在城市、近郊以及郊外。同时由于佛教、道教盛行，寺观园林也开始涌现。此时的寺观园林或建立在寺观旁边的独立园林，或是寺观中的园林。在功能上，寺观园林主要是供香客参加宗教、文娱活动之余参观、游赏。

隋唐时期的皇家园林随着封建经济，政治和文化的发展达到全盛局面，主要集中在长安、洛阳一带。分为大内御苑、行宫御苑、离宫御苑三种类型，比较著名的如太极宫（图 2.1–7）、大明宫（图 2.1–8）、兴庆宫。

唐代私家园林比魏晋南北朝更加兴盛，隋朝大运河的修筑促进南北经济发展，人民的生活水准有了很大提升，民间私家造园更为普及。私家园林主要集中在中原、江南、巴蜀，中原的长安、洛阳是私家园林集中之地，建有大量的官员的宅园。此时的私家园林注重园林造景的艺术化，将诗歌、绘画渗入园林景观，以园林传达诗情画意，因而隋唐时期的私家园林充满了文学、艺术情趣。

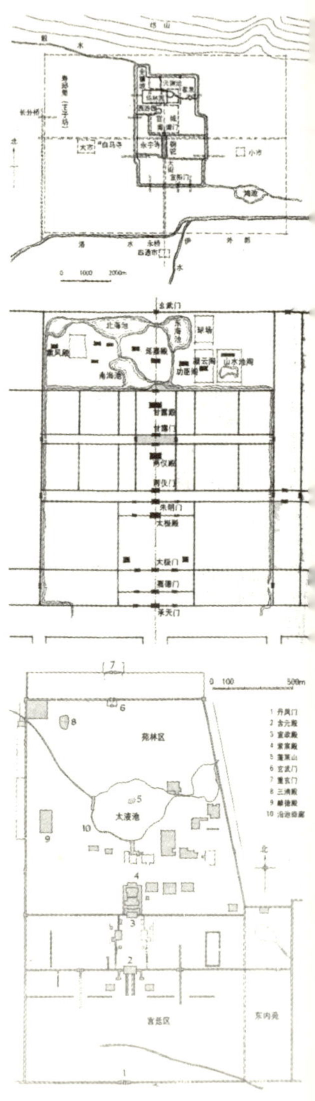

图 2.1–6　北魏洛阳华林园（上）

图 2.1–7　太极宫平面图（中）

图 2.1–8　大明宫建筑遗址图（下）

唐代的寺观主要集中在大城市，大的寺观往往形成庞大的建筑群，仅长安就有寺观一百五十多座。大多数寺观都有园林建置。园林造景注重宗教色彩与世俗趣味间的结合。

唐代也有公共园林“（公共园林起源于东晋时期的名人聚会之所，如王羲之等聚会的“兰亭”）”（图 2.1–9）。随着对自然山水风景的开发，人们开始在城市近郊依山水地形建造一些小型建筑物作为山水的点缀，从而形成供普通文人、市民聚会、游憩之用的开放式园林，即公共园林。唐代的大城市里都有公共园林，较为著名的如长安的乐游原、曲江池（图 2.1–10）等。

宋代是中国的古典园林渐趋成熟时期。皇家园林主要集中在东京、临安，规模不如唐代但在设计上更加精致，皇家气派减少，私家园林的风格增强。这在历代皇家园林中都是少见的，乃是宋代独有的特点，与宋代的政治、文化有很大关系。

文人园林是宋代私家园林的重要组成部分，文人园林起源于魏晋南北朝，自唐代兴起，至宋代大量文人参与造园活动，文人园林兴盛。与唐代的文人园林着重开放性、世俗生活情趣相比，宋代的文人园林继

图 2.1–9 绍兴兰亭（右）

图 2.1–10 曲江池平面图（左）

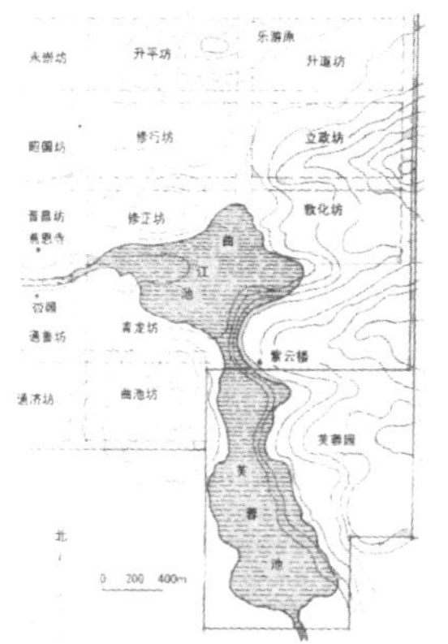

图 2.1–11 宋画《独乐园图》

承魏晋南北朝以来园林的自然风格与文士的隐逸思想，又受到宋代禅宗思想的影响，形成以简远、疏朗、雅致、天然为主的特征。较为典型的文人园林如司马光的独乐园（图 2.1–11）、晁无咎的归去来园、洪适的盘洲园等。

辽金两代也有园林建置。辽代的皇家园林主要是在陪都南京（北京）一带的内果园、瑶池、柳庄、粟园、长春宫等。此外还有一些官员、贵族的私家宅园建在南京内、外城内。由于佛教的盛行，在南京城内及近郊也有许多附建园林的佛寺，如昊天寺、开泰寺、竹林寺、大觉寺等（图 2.1–12）。在南京城西北郊的香山寺（图 2.1–13）等多是依托西山、玉泉山自然风景而建，是皇帝驻跸游幸的风景名胜区。金代的皇家园林在辽南京城旧苑基础上复建，自金世宗时起新建的园林数量增多。主要分布于中都（北京）城内、近郊

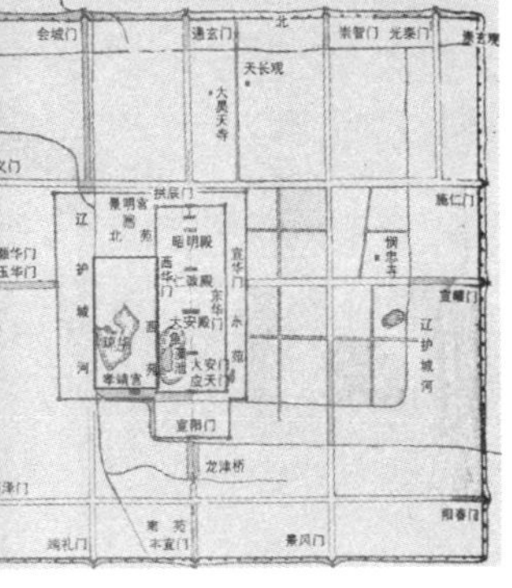

图 2.1—12 大觉寺（上）
图 2.1—13 香山寺遗址（中）
图 2.1—14 金西苑平面图（下）

和远郊，城内有西苑（图 2.1—14）、东苑、北苑、兴德宫等，并有著名的“中都八苑”即芳园、南园、北园、熙春园、琼林园、同乐园、广乐园、东园。中都城北郊的玉泉山行宫和大宁宫也是当时两处主要的御苑，为后来北京的皇家园林建设奠定了基础。

在中都城内外及北方等地也建有不少私家园林、寺庙园林，由于汉化政策的推行，私家园林受到宋朝文人园林的影响，具有一定的文化、艺术水平。一些寺庙中的园林也因地制宜，被开发为以寺庙为主体的公共园林。在金章宗时出现了著名的“燕京八景”（图 2.1—15）：居庸叠翠、玉泉趵突、太液秋风、琼岛春阴、蓟门烟树、西山晴雪、卢沟晓月、金台夕照，这些秀美的景色即与金代的园林建置有很大关系。

元代皇家园林主要在大都（北京）皇城范围之内，最著名的是在占皇城北部、西部大部分地段的大内御苑。大内御苑以太液池为主体（图 2.1—16），池中有三岛：万岁山、圆坻、犀山，呈南北一线布列，沿袭着历来皇家园林的“一池三山”传统模式，奠定了明清三海的基础。其中万岁山在金代为琼华岛，也就是现在北海的琼华岛的前身。山顶正殿名广寒殿，是岛上最大的建筑，殿中有“渎山大玉海”（玉瓮）（图 2.1—17），专供元世祖忽必烈贮酒饮宴之用。山南坡居中为仁智殿，另有厅堂、亭子等小型建筑点缀其间。

元大都的私家园林大多是在城近郊或附郭的私人别墅，其中宰相廉希宪的“万柳堂”最为有名。园内种植名花近万株，号称京城第一。又有城东赵禹卿的匏瓜亭，园内台、轩、斋、园、池、涧之景俱全。

寺庙园林数量骤增，如长春真人丘处机的修行之所长春宫，有杏花园之称的东岳庙等，都是著名的寺庙园林。其中西北郊西湖一带的大承天护圣寺以其独特的外围园林化环境最具特色。

明代的皇家园林有六处：紫禁城内的御花园、慈宁宫花园，以及位于皇城一带的万岁山（清代改名景山）、西苑（图2.1–18）、东苑、兔园，皆为大内御苑。其中西苑是在元太液池基础上扩建，是明代规模最大的皇家园林。西苑向南扩大太液池的水面，奠定北海、中海、南海三海的布局，形成紫禁城西南的水面屏障。又在三海沿岸增建殿宇，丰富了人工景点。

明代随着经济的发展，私家园林的造园水平有了明显提高，尤以江南的扬州、苏州园林最盛。由于隋代大运河的修建，扬州作为大运河与长江交汇处成为一座繁华的城市。明永乐时重开漕运，对大运河进行了修整，扬州地区的水陆交通更加便利，经济有了进一步发展，为私家园林的兴盛创造了条件。扬州私家园林大部分建在城市一带，或为宅园或为游憩园，如明末扬州望族郑氏兄弟影园、休园、嘉树园、五亩之园，被誉为当时的江南著名的四座名园。苏州园林多为文人、官员修建的宅园，其园林风格延续了前代文人园林的特点，较著名的如艺圃、拙政园、五峰园、留园（图2.1–19）、西园、芳草园、洽隐园等。

明代北京的什刹海一带散布许多私家宅院，如定国公园、英国公新园、刘百世别业、刘茂才园等。明代对北京西郊西湖、瓮山以东的低洼地进行开发，使它与玉泉山、西湖连成一片，成为京师居民郊游、饮宴的风景名胜地。贵戚官僚们也纷纷到这里占地造园，使这一带形成一片园林集群，其中较有名气的如勺园、

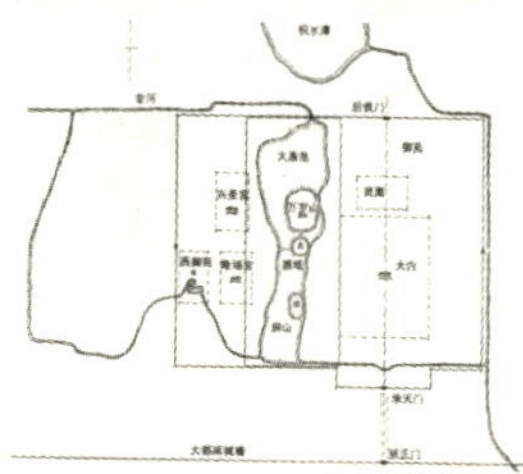

图2.1–15　燕京八景（西山晴雪、玉泉趵突、太液秋风、蓟门烟树、琼岛春阴、卢沟晓月）（上）
图2.1–16　元太液池平面图（中）
图2.1–17　渎山大玉海（下）

图2.1－18　明代西苑平面图（左）
图2.1－19　留园(右)

清华园。

明代北京寺观园林的数量明显增加，不少寺庙以花木之美享誉京城。如万寿寺、法源寺等等，特别是在西山一带出现了大量皇室、贵戚修建的寺庙，大多都有园林。如规模宏伟的香山寺，园林占寺庙的很大比重，是京城绝佳的观景之地。还有以泉水取胜的碧云寺，以及依瓮山面西湖的圆静寺等也是礼佛、游赏的好去处。

明代大城市及富裕农村地区普遍出现公共园林。它们大多是利用城市水系或旧园林的基址稍加整治，成为多功能供文士、平民游览的绿化空间，是城市结构的重要组成。北京的什刹海最为典型，再如江南、东南、巴蜀等农村也有类似的公共园林出现。

清代古典园林的发展进入成熟时期，特别是皇家园林自康熙中叶以后，出现建设高潮，直至乾隆、嘉庆期间达到全盛局面。清代的皇家园林分为大内御苑、行宫御苑、离宫御苑三类。

清初北京的大内御苑中兔园、景山、御花园、慈宁宫花园，仍保留原来旧貌。东苑仅部分殿宇及建筑保存，其余皆作为佛寺或民间私产分割。西苑中万岁山南坡殿宇（清改名白塔山）、广寒殿（建“小白塔”）以及南海南台、北堤、勤政殿东西等处建筑进行了较大规模的增建和改建。乾隆时再次对西苑进行大规模改建，西苑北海、中海、南海三个园林区划更加明确，西苑的总体范围收缩至三海沿岸，奠定了西苑此后的格局。又于故宫内新建建福宫花园、宁寿宫花园。

清代皇家园林建设的重点是北京西北郊以瓮山、西湖为核心的行宫御苑和离宫御苑。康熙十六年（1677年），在原香山寺旧址扩建香山行宫。康熙十九年（1680年），在玉泉山的南坡建静明园。这两座园林是供皇帝短期居住、偶尔游赏之用。康熙二十三年（1684 年），康熙帝南巡归来，仿照江南园林规制在北京西北郊华清园的废址上，修建离宫——畅春园（图 2.1–20）。康熙长期居住于此，处理政务，接见臣僚，这里也是紫禁城之外的政治中心。康熙四十二年（1703 年）修建更大的第二座离宫御苑“避暑山庄”（图 2.1–21），供皇帝避暑、处理政务。雍正三年（1725 年）时，雍正皇帝将康熙赐予他的圆明园（图 2.1–22）进行扩建。这也是清代第三座大型离宫御苑，与畅春园、避暑山庄共同代表着清初宫廷造园艺术的最高水平。此外，雍正十三年（1735 年），扩建香山行宫，在其附近的卧佛寺旁另建行宫，又将寺名为“十方普觉院”。

乾隆时期以北京、承德为中心大量兴建、扩建行宫及离宫御苑，皇家园林建设达到鼎盛时期。乾隆居住在畅春园时对其西花园进行扩建，并增建离宫圆明园内景点，形成圆明园四十景。乾隆十年（1745 年），

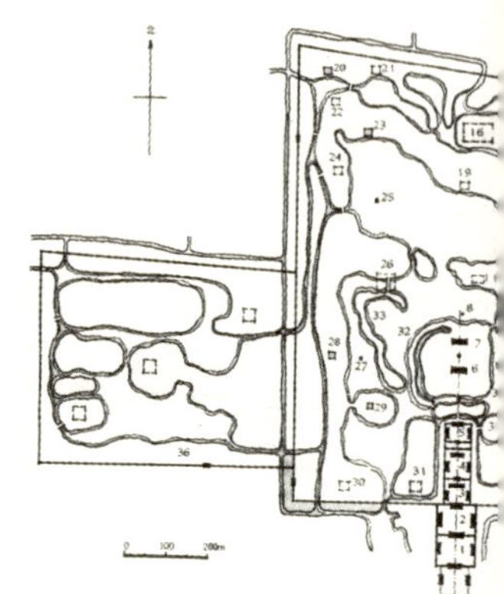

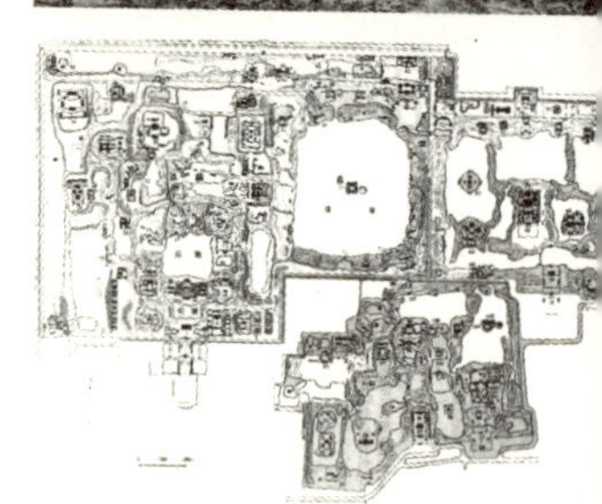

图 2.1–20　畅春园平面图（上）
图 2.1–21　避暑山庄全景图（中）
图 2.1–22　圆明园平面图（下）

扩建香山行宫，后改名“静宜园”。乾隆十五年（1750年），扩建静明园，把玉泉山及山麓的河湖地段全部圈入宫墙之内。同年，在瓮山和西湖的基址上兴建清漪园，改瓮山之名为“万寿山”，改西湖之名为“昆明湖”。此外，在北京西北郊以外地区，新建成或经过扩建的大小御苑亦不下十余处，其中比较大的是南苑，避暑山庄和静寄山庄。

由此，北京西北郊形成一个庞大的皇家园林的集群。其中圆明园、畅春园、香山静宜园、玉泉山静明园（图 2.1–23）、万寿山清漪园即是著名的“三山五园”。“三山五园”（图 2.1–24）规模巨大，荟萃了中国古典园林的精华，是中国皇家园林的代表之作。

道光以后，皇室再没有财力营建新园，许多园林或维持现状或废置不用。咸丰十年（1860 年）英法联军入侵，焚烧圆明园、清漪园、静明园、静宜园等处，并大肆抢掠其中文物、珍宝。同治十二年（1873 年）下诏修复圆明园，由于国库空虚，工程进行不久便停工。光绪十四年（1888 年），重修清漪园，改名“颐和园”，作为慈禧太后“颐养天年”的离宫。1900 年，

图 2.1–23　静明园平面图（左）
图 2.1–24　三山五园图（右）

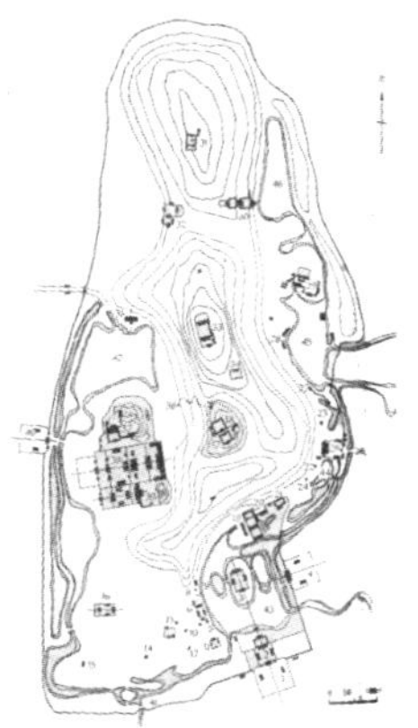

八国联军占领北京，皇家园林再遭洗劫。光绪二十七年（1901 年），清政府动用巨款修缮颐和园及西苑的南海，其他园林则任其废置。皇家园林鼎盛期结束。

清代，江南地区的私家园林更加兴旺发达。在扬州许多商人出巨资修建园林，一些文人则直接参与园林的设计。扬州的园林讲究叠山技艺，园内花木种类丰富，较为著名的有九峰园、乔氏东园、秦氏意园、石山园、个园等。苏州在清代同、光时期成为建造私家园林的中心。前代的狮子林、拙政园、留园等都进行了改建、扩建，又新建大量宅院，如刘园、羡园等。此外，在杭州，南京、安徽等地也有不少私家园林的建置。北方的私家园林以北京为代表，园内建筑形象以稳重、敦实著称，大多数是亲王贝子的王府花园、公卿宅园或是皇帝赏赐臣子的赐园等。如醇亲工府园、那桐花园、可园、乐善园等等。

清朝统治者倡导修建佛教殿宇，南北各地完整保留下来的寺观园林为数众多。如大觉寺、白云观、普宁寺、乌尤寺、太素宫、潭柘寺、黄龙洞等等。寺观园林继承宋以来私家园林文人化的传统，除极个别寓有宗教象征外，一般与私家园林无大区别，仅较之更具开放性。

清代的公共园林有了较大发展，城镇公共园林兼有交往、游赏、娱乐、聚会、饮宴等多项功能。北京的什刹海、陶然亭，济南的大明湖，南京的玄武湖，昆明的翠湖，扬州的瘦西湖等都是较为著名的公共园林。

清末民初，随着中国封建社会的解体以及西方“现代公园”概念的引入，中国的古典园林时期结束，逐步进入“公园”发展阶段。

2.2 近代公园的出现

18 世纪中叶，随着蒸汽机和纺织机的出现，农业文明逐步向工业文明过渡。科技的进步以及机器大生产时代的到来，为人类改造自然提供了便利的条件。然而，由此产生的城市环境污染问题也层出不穷。19 世纪中叶，一些西方学者针对保护自然环境提出一些切实可行的对策，即建立开放性的绿地空间，使城市逐步园林化。现代意义上的“公园”由此产生，普遍出现在欧美大城市中。与古典园林不同的是，公园由政府出资建造，属政府所有并向公众开放；公园是公众的游憩、交往场所同时也有着改善城市生态环境的作用。中国的古典园林在 20 世纪初期逐步转化为现代公园，以下简要介绍几个著名园林的变迁过程。

2.2.1　颐和园

颐和园，位于山水清幽、景色秀丽的北京西北郊，原名清漪园。始建于乾隆十五年（1750 年），是一座以万寿山、昆明湖为主体的大型天然山水园林，是中国清朝皇帝处理政务和避暑游玩的御苑，也是世界上现存古建筑规模最大，保存最完整的一座皇家园林（图 2.2—1）。

万寿山和昆明湖早在建园之前就已经是北京西北郊风景名胜区的组成部分，至元元年（1264 年），元世祖忽必烈营建新的都城“大都”时，将昆明湖的前身瓮山泊从早先的天然湖泊改造成为具有调节水量作用的天然蓄水库。当时瓮山泊一带比较重要的有两处建置：一处是瓮山西面、瓮山泊北岸的“大承天护圣寺”，此寺规模宏伟，寺前的湖中架水阁两座，寺后建园林，元代皇帝到瓮山泊游览时经常驻跸于

图 2.2—1　京畿水利图（清漪园部分）

此。另一处在瓮山东南，是元中书令耶律楚材的墓园。明代，瓮山泊改名“西湖”。玉泉山、瓮山、西湖之间山水连属，构成互为因借的密切关系，皇家寺庙以及众多的私家园林也在这一带相继建立。西湖、瓮山逐渐成为京郊的著名游览胜地。

清代，乾隆皇帝汇集能工巧匠以瓮山、西湖的天然结构为基础骨架，经过大规模修整改造，最终建造出举世无双的大型皇家园林——清漪园（图 2.2–2）。建造工程自乾隆十五年（1750 年）始至乾隆二十九年（1764 年）竣工，历时十五年。经过人工改造后的瓮山、西湖更名万寿山、昆明湖。清漪园是乾隆、嘉庆、道光、咸丰四朝皇帝的御苑（图 2.2–3），它以万寿山、昆明湖为主体、以佛寺为中心，在自然山水框架里，将高阁、长廊、长堤、大岛、长桥等大尺度景观有机地统一为一个整体，既金碧辉煌又自然清丽。清漪园是乾隆皇帝在北京西郊“三山五园”皇家园林中得意的压卷之作。它的建成填充、丰富了从畅春园、圆明园到玉泉山静明园、香山静宜园数十里空间的山水楼台点缀，最终完成了中国历史上前所未有的庞大皇家园林景观群体建设。

咸丰十年（1860 年）的第二次鸦片战争中，清漪园被英法联军烧毁（图 2.2–4）；光绪十二年至二十一年（1886 ~ 1895 年），掌握

图 2.2–2　颐和园佛香阁排云殿

清朝实际政权的慈禧皇太后，挪用大量海军经费和其他款项，在清漪园的废墟上按原规模重建，并更园名为颐和园，成为她颐养天年的夏宫。颐和园沿用了清漪园的山水、建筑和植物规划，再现了清漪园的景观风貌。全园占地面积 301.42hm^2（2010 年统计），水面约占四分之三，景观 100 余处，分为临朝理政、生活居住和山水风景三大区域，规模宏巨、建筑精美、风光宜人，自然典雅与辉煌富丽相融合，形成了独有的皇家气派。

光绪二十六年（1900 年），八国联军侵入北京，颐和园再遭洗劫。光绪二十八年（1902 年）清政府花费巨资予以重修。1912 年中国末代皇帝爱新觉罗 · 溥仪退位，民国政府准其居住在颐和园。1924 年冯玉祥发动“北京政变”，将溥仪驱逐出紫禁城，并接管了颐和园。1928 年颐和园被南京国民政府内政部接收管理，成为国家公园。1949 年新中国成立后，成立颐和园管理处，颐和园的山水、建筑、花木、文物受到充分重视和保护。1961 年颐和园被国务院列为第一批全国重点文物保护单位，1998 年颐和园列入《世界文化遗产名录》（图 2.2–5）。

图 2.2–3　乾隆皇帝像（上）

图 2.2–4　清漪园被烧毁后（下）

颐和园是清代最高统治者政治活动和宫廷生活的主要场所，见证了影响中国历史发展的许多重大历史事件，承载了浓厚的历史积淀。颐和园从一个侧面反映出中国历史、政治、经济、文化发展的进程，是中国近代历史的缩影。在新时期，这座古老的皇家园林已经成为服务于社会大众的公园，成为促进世界文化交流、弘扬祖国传统文化、进行爱国主义教育的场所。

2.2.2 北海公园

北海公园位于北京市中心地区，其东为景山公园，南为中南海，西与国家图书馆分馆毗连，北与什刹海相接，是中国园林的艺术杰作。全园占地 68.2hm^2（其中水面 39hm^2），主要由琼华岛、东岸、北岸景区组成（图2.2–6）。

北海园林的历史可以追溯到辽代，辽太宗耶律德光在会同元年（938 年）建都燕京后，就在城东北郊"白莲潭"（即北海）建"瑶屿行宫"，在岛顶建"广寒殿"。金大定六年（1163 年）金世宗在中都东北郊以瑶屿（即

图 2.2–5　颐和园世界文化遗产碑刻（上）

图 2.2–6　北海公园（下）

北海）为中心，修建离宫——太宁宫，供金帝游幸避暑。太宁宫规模宏大，范围包括今北海、中海地区，宫内园林布局沿袭我国皇家园林“一池三山”的规制，从那时起，北海就基本形成了皇家宫苑格局。元中统三年（1262 年）至至元三年（1266 年），元世祖忽必烈对太宁宫琼华岛进行大规模扩建、修葺。琼华岛及其所在的湖泊赐名万寿山（万岁山）、太液池。北海自此成为一个颇有气派的皇家御苑——万寿山苑。万寿山苑是元帝在大都城内游幸活动的主要场所。元帝还常在苑内处理政务，举办重大政治、佛事活动。明代成祖、宣宗、英宗、世宗等皇帝对万寿山苑进行扩建，万寿山、太液池成为紫禁城西面的御苑，称西苑。清乾隆七年（1742 年）至乾隆四十四年（1779 年），对北海进行了大规模的修葺、增建，奠定了北海此后的规模和格局。

清光绪二十六年（1900 年），八国联军侵入北京，北海惨遭践踏，苑内陈设、建筑分别遭到破坏和掠夺。辛亥革命后，北海长期被军阀部队占用。1925 年北海略经修缮，正式开放为公园。1949 年北京市人民政府接管北海公园，设立北海公园管理处，对北海进行全面整修。改革开放以来，北海公园扩大了游览景点，挖掘了古园林的文化内涵和人文景观，也提高了公园绿化美化水平，使这座古老的皇家园林焕发出新的生机（图 2.2–7）。

图 2.2–7　北海五龙亭

2.2.3 天坛公园

天坛位于北京市崇文区，在北京永定门内大街路东。原是明清两代皇帝祭祀皇天上帝的场所，建成于明永乐十八年（1420 年），以后经过不断改建、扩建，至清乾隆年间最终建成。天坛占地达 273hm^2，主要建筑有祈年殿、圜丘、皇穹宇、斋宫、神乐署、牺牲所等。1918 年辟为公园（图 2.2–8）。

明永乐十五年（1417 年）永乐皇帝决定迁都北京，于是按照南京天地坛规制，在北京营建天地坛。天地坛的中心建筑大祀殿是皇帝举行天地合祀的神殿。

明嘉靖九年（1530 年）决定恢复天地分祭旧制，在大祀殿南建圜丘以冬至日举行祭天大典，圜丘北建泰神殿。嘉靖十三年（1534 年）明世宗朱厚熜谕礼部："南郊之坛名天坛；北郊之坛名地坛；东郊之坛名朝日坛；西郊之坛名夕月坛。"天坛由此得名。嘉靖十七年（1538 年）朱厚熜改泰神殿为皇穹宇，并诏令拆大祀殿。嘉靖十九年（1540 年），在大祀殿原址建大享殿。顺治元年（1644 年）清王朝定鼎中原，以北京为国都。清王朝沿袭明朝旧制，仍以天坛为祀天之所。至乾隆朝

图 2.2–8　天坛公园

(1736 ～ 1795 年)，乾隆皇帝倡导开始对天坛进行大规模修缮、改建及扩建。先后修缮、改建大享殿为祈年殿，此外先后改建、扩建了斋宫、圜丘、神乐署、回音壁、坛墙；新建了寝宫、圜丘钟楼、圜丘门、花甲门、古稀门。这一格局一直保持到清末（图 2.2–9）。

光绪二十六年（1900 年）八国联军入侵，天坛被八国联军占据，建筑、园林及礼仪陈设遭到严重破坏。宣统三年（1911 年）爆发的辛亥革命结束了天坛专用于皇帝祭祀的历史，天坛从此“任人游览”。1918 年，民国政府将天坛辟为公园，实行售票开放。1951 年北京市人民政府组建天坛管理处，1961 年被国务院列入第一批全国重点文物保护单位。1998 年被联合国教科文组织确认为“世界文化遗产”。2007 年 5 月 8 日，天坛公园经国家旅游局正式批准为国家 5A 级旅游景区。

图 2.2–9　清帝祭天图（上）
图 2.2–10　天坛古柏（下）

天坛公园现有面积 205hm^2，保存有祈谷坛、圜丘坛、斋宫、神乐署四组古建筑群，有古建筑 92 座 600 余间，是中国也是世界上现存规模最大、形制最完备的古代祭天建筑群。

天坛还有九龙柏、七星石、甘泉井、望灯、燔柴炉、瘗坎等古迹（图 2.2–10）。天坛公园有各种树木 6 万多株，环境森然静谧，气氛肃穆庄严。巍峨壮美的祈年殿，圣洁崇高的圜丘，优雅庄重的斋宫，在万千树木掩映中，形成独特的坛庙园林景观。天坛是一处集中国古代建筑学、声学、历史、天文、音乐、舞蹈等成就于一体的文明世界的风景名胜。

2.2.4 动物园

北京动物园距今已有 100 余年的历史，位于西城区西直门外，占地面积约 90hm^2（图 2.2–11）。园内除存有不少清末建筑外，还建有许多各具特色的动物馆舍，展出世界及中国的各种珍稀动物。北京动物园是亚洲及世界大型动物园之一，是融古今园林特色，集科学性、知识性、娱乐性为一体的专类公园，在国内外享有盛誉。

动物园原本是清光绪时的农事试验场，历史可追溯到光绪三十二年（1906 年）。当时清政府为挽救日益衰败的统治，在乐善园、继园、广善寺、惠安寺旧址基础上建立农事试验场，旨在开通风气，向欧美、日本学习，振兴农业。农事试验场对农作物进行分类实验，并设有动物园、植物展室，是京师第一座集动物、植物为一体带有公园性质的农事试验场。开办之初即向游人开放，慈禧、光绪也两次来园观赏。农事试验场虽冠以振兴农业之名，其主要功能仍为清廷的皇家御苑。

图 2.2–11 北京动物园

民国政府时期，军阀连年混战，农事试验场逐渐衰败，并屡易其名。1949年新中国成立后，北京市人民政府接管农事试验场（当时名为"北平市农林实验所"）并由国家拨专款进行整修、改造、绿化。1949年9月1日定名为"西郊公园"，1950年3月1日正式开放。1955年西郊公园正式改名为"北京动物园"。几十年来北京动物园建设、发展日新月异，取得了举世瞩目的成绩。对动物饲养、科研、绿化、园林管理等各项事业不断完善，朝着国际同行业先进行列迈进。

2.2.5 中山公园

北京中山公园位于北京市天安门西侧（图2.2-12），占地23hm²，是在明、清两代社稷坛的基础上，开辟创建为公园的。原为辽代兴国寺，元代改为喇嘛庙，称万寿兴国寺。明永乐十八年（1420年）明成祖朱棣兴建北京宫殿时。按《周礼》"左祖右社"的制度，改建为社稷坛。社稷坛是明、清皇帝祭祀太社神和太稷神的地方，也是皇权、王土与谷物收成的象征。辛亥革命后，1914年在北洋政府内务总长朱启钤创意、主持下，经过精心规划，将社稷坛建设成一个以坛为中心，以古柏林为绿带，四周环以多组景观的综合性公园，正式对外开放。名为中央公园，是北京第一个公共园林。1928年为纪念革命先驱孙中山，改名"中山公园"。1937年，日寇入侵，社会动荡，中山公园经费匮乏，

图2.2-12　中山公园

园内建筑残损、景物萧条。

1949 年建国后，经过人民政务拨款整治，中山公园重获新生，成为真正面向市民开放的人民公园。在市政府领导下，中山公园的建设、管理和服务不断发展创新，为人民群众提供了一个游览、休息的优美清馨环境和文化娱乐的园地。由于其独特地理位置，中山公园成为党和政府、社会团体组织庆典、展览咨询等公益活动的理想场所。

1988 年中山公园被列为全国重点文物保护单位。经过多年发展建设，中山公园既保护了历史遗存的社稷坛古迹文物及其风貌，又具备现代化公园的要求，园林功能和特点更加突出，文化层次不断提高，园林景观更加丰富。

2.2.6 香山公园

香山公园位于北京西北郊西山东麓，全园占地 160 余公顷，是一座历史悠久、文化底蕴丰富、具有自然山林特色的皇家园林（图 2.2–13）。

香山早在唐代就出现了寺宇建筑。此后金、元、明、清几代统

图 2.2–13　香山公园

图 2.2–14　清郎世宁绘乾隆戎装大阅图

治者相继在香山塑佛造寺，营建行宫别院。金世宗、章宗两朝皇帝在香山营建寺庙，赐名“大永安寺”。元代皇庆元年（1312 年），仁宗赐钞万锭，重修香山大永安寺，并更名为“甘露寺”。明代英宗正统六年（1441 年）司礼太监范宏出资七十余万扩建香山寺。

清代乾隆帝在旧行宫的基础上进行大规模扩建，仅用九个月的时间就在香山建成大大小小的园林八十余处，其中乾隆帝钦题并赋诗二十八处，成为名噪京城的二十八景，乾隆帝赐名“静宜园”，使香山这座古刹、行宫自成体系的园林成为一座皇家的离宫禁苑，在京西“三山五园”中占一山一园（图 2.2–14）。咸丰元年（1860 年），英法联军将包括静宜园大量珍贵文物劫掠一空，建筑几乎全部焚毁。光绪二十六年（1900 年），八国联军再度劫掠，一代名园瓦砾遍山，几近荒废。

在北洋军阀和国民党统治时期，香山的大部分风景区又被“达官贵人”、“军阀巨商”建为私人别墅，多处名胜封闭。

1956 年，香山经过整修开辟为公园，正式对游人开放。为广大民众和国际友人提供了一个踏春、消夏、观红叶、赏雪景的游览胜地。

历史悠久的香山公园是北京西郊的绿谷“氧吧”。公园内树木繁多，森林覆盖率达 96%，仅古树名木就有 5800 余株，占北京城区的四分之一，公园具有独特的“山川、名泉、古树、红叶”资源。香山红叶驰名中外，1986 年被评为“新北京十六景”之一，成为首都秋季最靓丽的一道景观，每到深秋时节，数以万计的中外游客齐聚香山，共赏秋色。如今的香山公园不仅有峰峦叠翠的千年名山、珍贵稀有的古树名木、清冽甘醇的自然泉水、闻名遐迩的漫山红叶，更有鸟啼虫鸣，松鼠嬉闹于沟壑林间，人与自然和谐相处的一派生机。它们向人们倾诉着香山昨日沧桑的历史，展示着香山生机勃勃的今天和未来。

2.2.7 北京植物园

北京植物园位于北京西山卧佛寺，由卧佛寺、樱桃沟等名胜古迹和树木园、专类园、温室等现代植物园两大部分组成。全园总规划面积 400hm^2（图 2.2–15）。

植物园卧佛寺的历史可追溯到唐贞观年间（627 ~ 649 年）的兜率寺，因有檀香卧佛一尊，故有卧佛寺的俗称。当时的卧佛寺已初具皇家寺院的雏形：寺名为皇帝所赐，碑文、匾额由皇帝题写，寺中方丈、住持由皇帝任命。元代英宗、仁宗几朝皇帝对卧佛寺进行大规模修建，改名寿安山寺。明代，寿安山寺相继易名为寿安禅寺、永安寺。此时，西山地区已经形成以卧佛寺为中心的寺院群。清代雍正、乾隆两朝对卧佛寺进行大规模修缮、扩建，使卧佛寺有了很大变化。樱桃沟的历史可追溯至辽金时期。明代是樱桃沟开发的全盛时期，沿沟一带寺庙林立，形成以寺庙、泉水、篁竹、红叶和奇石为主的五大景观。经元、明、清封建帝王多次扩建，卧佛寺、樱桃沟一带已经成为成熟的风景区，

图 2.2–15 北京植物园湖区

文人墨客踏青郊游，吟诗唱和，黎民百姓进香祈福，不绝于道。

民国时期，卧佛寺、樱桃沟一带被士绅、宗教组织租用。1950 年北京市人民政府将卧佛寺、樱桃沟交给市园管会管理。1954 年西山风景管理处成立，卧佛寺、樱桃沟归其管理，同年中国社会科学院筹划建立北京植物园，历史悠久的卧佛寺、樱桃沟进入了一个崭新时期。改革开放后，北京植物园进入统筹规划、分区建园的大规模建设阶段。自 1980 年始，每年建成 100 余亩园林绿地，修建景区、温室以及树木园、牡丹芍药园、丁香碧桃园、宿根花卉园、竹园、绚秋苑、月季园、水生植物园等 9 个专类园。1987 年北京植物园正式售票对外开放。随着我国现代化进程，北京植物园将会有更加科学、高速的发展，在国家生态环境保护和生物多样性战略中发挥更加重要的作用，跻身于国际先进植物园行列。

2.3　源远流长的古典园林饮食文化

中国古典园林起源于商周时期的“囿”，经过几千年的发展，演化为如今为大众服务的公园。与一般意义的住宅不同，古典园林讲求自然与人工的完美结合，山、水、植物、建筑皆蕴含着中国人的价值观及审美意味。无论是帝王将相还是富商文士都以拥有园林为乐事，人们在园林中居住、游赏、射猎、吟诗、观戏……形成独特的园林文化。饮食活动自然也是其中的一部分，与之相关的文献记录为数不少，这些尘封于史书中的文字反映了古典园林饮食的原貌，使我们得以更清晰地了解公园饮食的文化渊源。

2.3.1　晋代的曲水流觞

位于浙江省的兰亭在晋代是一处供文人举行聚会的风景胜地。东晋永和九年（353 年），晋代有名的大书法家王羲之偕亲朋谢安、孙绰等 42 人，在兰亭修禊后，举行饮酒赋诗的“曲水流觞”（图 2.3–1）活动，引为千古佳话。这一儒风雅俗，一直留传至今。王羲之等在举行修褉祭祀仪式后，在兰亭清溪两旁席地而坐，将盛了酒的觞放在溪中，由上游浮水徐徐而下，经过弯弯曲曲的溪流，觞在谁的面前打转或停下，谁就即兴赋诗并饮酒。这次聚会有 26 人作诗 37 首。王羲之为之编成一集，为《兰亭集》又书 324 字的序文，也就是有“天下第一行书”之称的王羲之书法代表作《兰亭集序》。据说，此《序》是王羲之用蚕茧纸，鼠须笔挥毫而作，乘兴而书，其中记述了此次兰亭聚会的情况：

图 2.3–1　兰亭“曲水流觞”

永和九年，岁在癸丑。暮春之初，会于会稽山阴之兰亭，修禊事也。群贤毕至，少长咸集。此地有崇山峻岭、茂林修竹，又有清流激湍，映带左右。引以为流觞曲水，列坐其次。虽无丝竹管弦之盛，一觞一咏，亦足以畅叙幽情矣……

《兰亭集序》反映出东晋文人在兰亭中饮酒、雅集的盛况，是他们恬淡、质朴生活情趣的体现，曲水流觞所传达的审美趣味是古典园林饮食文化的典型一列，具有深远的意义。

2.3.2　唐代的曲江宴

曲江位于长安郊区，秦汉时为皇家“上林苑”中“宜春苑”和“宜春宫”的所在地，因苑中水域曲折多姿而得“曲江”之名。此处原有泉池，自然风光秀丽，是唐代著名的园林景区。唐代皇帝每年都要在这里举办两项规模庞大的宴饮活动。一是新科进士宴，此宴原本为落地士人所举办的安慰宴会，唐中宗时逐渐变为金榜题名进士的道喜会，规模、档次逐年提高，出现了专门组织宴会的机构——进士团。其中有主持者一人称“酋帅”，另有团

图2.3-2　曲江宴图

司百余人，各有分工。宴会当日，皇帝亲临现场观赏，王公大臣、新科进士、市井平民汇聚于曲江，美食佳肴、歌舞喧天，可谓盛况空前（图2.3-2）。如李肇《国史补》记：

曲江大会：比为下第举人，其筵席简率，器皿皆隔山抛之属。比之席地幕天，殆不为远。尔来，渐加侈靡，皆为上列所据，向之下第举人复预矣！所以长安游手之民，自相鸠集，目之为“进士团”。初则至寡，洎自大中，咸通已来，人数颇众。其有何士参者，为之：“酋帅”。尤善主张筵席。凡今年才过关宴，士参已备来年游宴之费。繇是四海之内，水陆之珍，靡不毕备，时号长安“三绝”。团司所由百余辈，各有所主。大凡谢后，便往期集院。院内供帐宴馔，卑于辇毂。其日，状元与同年相见后，便请一人为录事。其余主宴、主酒、主乐、探花、主茶之类，咸以其日辟之。主乐两人，一人主饮妓。放榜后，大科头两人；常诘月至期集院。常宴则小科头主张，大宴则大科头。纵无宴席，科头亦逐日请给茶钱。第一部乐官科地，每日一千。第二部五百。见烛皆倍，科头皆重分。迨曲江大会，则先牒教坊，请奏上御紫云楼垂帘观焉。时或拟作乐，则为之移日。故曹松诗云：“追游日遇三清乐，行从应妨一日春。”敕下后，人置“被袋”例以图障、酒器、钱、绢实其中，逢花即饮。故张籍诗云：“无人不惜花园宿，到处皆携酒器行。”其被袋，状元录事同，检点阙一，则罚金。曲江之宴，行市罗列，长安见于半空。公卿家率以其日，拣选东床，车马阗塞，莫可殚述。洎巢寇之乱，不复旧态矣。

新科进士的曲江宴主要是为新科进士借宴会之机拜谢考官、显示才华、结交权臣，因而又是一种含有政治色彩的文化活动。如文献中所记，宴会中公卿之家可于进士中挑选女婿，如能被选中，则对仕途大有裨益。

除了新科进士宴之外，唐代上巳节宴也在曲江举办，是一种大型游宴活动。上巳节是中国古代的传统节日，即沐浴去灾之日，称“祓除衅浴”。《周礼 · 春官 · 女巫》记：“女巫掌岁时祓除衅浴。”郑玄注云：“岁时祓除，如今三月上巳，如水上之类；衅浴谓以香薰草药沐浴。”先秦时，这个日子已成为大规模的民俗节日，主要活动是人们结伴去水边沐浴，此后又增加了祭祀宴饮、曲水流觞等内容。唐代的上巳节曲江宴在唐玄宗开元、天宝时期十分兴盛，参加人数达上万人之多。宴会当日，皇帝后妃及少数亲近臣子的宴席设在居高临下的“紫云楼”之中，其他官员的宴席或在曲江中的彩船之上，或在曲江周围亭、台、楼、阁之中。普通百姓也可自行出资设宴。杜甫《丽人行》一诗对唐曲江上巳宴的盛况有生动描绘：“三月三日天气新，长安水边多丽人。……紫驼之峰出翠釜，水精之盘行素鳞。犀箸厌饫久未下，鸾刀缕切空纷纶。 黄门飞控不动尘，御厨络绎送八珍。”足见山珍海味应有尽有，菜肴精致绝伦，极尽奢华之至。

2.3.3 元明时期北海宴饮活动

北海这座著名的皇家园林自元代起被划入宫廷内苑，在元代称万寿山苑，在明代称西苑。万寿山在元代是帝王举行大型宴会的地方，每逢重大事件便在万寿山内广寒殿大宴宾客、群臣。如《北京历史纪年》记：“ 至元十三年（1276 年）三月（南）宋（降）帝及太后北行至大都，（元）宰相官员等迎到通州。宫内，广寒殿等处举行盛宴十余次。”元末皇帝在万寿山内的宴饮活动见于《元氏掖庭记》：

至大二年（1390 年）八月仲秋之夜，武宗与诸嫔妃泛舟于禁苑太液池。舟上各设女军，左曰凤队，右曰鹤团。又彩帛结成采菱采莲舟。轻快便捷，往来如飞。当其月丽中天，彩云四合，帝乃开宴张乐，令宫女披罗曳縠，前为八展舞，歌《贺新凉》一曲。帝喜谓妃嫔曰："昔王母宴穆天子于瑶池，人以为古今莫有此乐也。朕今与卿等际此月圆，共此佳会，液池之乐，不减瑶池也。惜无上元夫人在坐，不得闻步系之声耳。由是下令两军水击为戏，风旋云转，戟刺戈横。战既毕，军中乐作，唱罢归洞之歌而还。

《元氏掖庭记》中描述了元武宗与嫔妃在万寿山太液池举办夜宴的情形：仲秋之夜武宗召集所有嫔妃在太液池上乘龙舟游览，在龙舟的旁边有采菱、采莲船往来穿梭。待到月丽中天之时宴会正式开始，有水军激战游戏，更有宫女歌舞助兴，妙趣横生，难怪武宗要将太液池之乐与王母娘娘的瑶池作比。

明永乐年间紫禁城建成，万寿山苑改称西苑，成为明皇宫的后花园。一些宴饮活动也在这里举行。《日下旧闻考》记：

嘉靖十五年（1536 年）五月五日，（世宗）召辅臣李时、礼官夏言、武定侯郭勋泛舟西苑。特召时、言、勋侍行。先命太监丰霰赐以艾虎、彩索、牙扇等物。帝至，御龙舟，命时、言一舟，勋一舟，自芭蕉园历金鳌玉蝀桥至澄碧亭，颁赐御肴，又命榻人舟浆近龙舟顾问。"

崇祯十五年（1642 年）春，上（思宗朱由检）游西苑，召内阁、五府、六部、督察院、锦衣卫诸大臣从。先于上舟行礼毕，赐馔，分舟而游。日晡，复登上舟谢，乃退。

明朝统治者吸取了元代皇帝游幸无度的教训，因而明代西苑的宴饮活动的排场相对简省，仅赐宴、泛舟而已，如元武宗夜宴时繁复、铺张的场面不再出现。

2.3.4　乾隆皇帝在避暑山庄的御膳

承德避暑山庄，即热河行宫，是清代皇帝避暑和处理政务的地方，也是著名的古典园林。这里的皇室饮膳活动十分频繁（图 2.3–3），

图 2.3–3 万树园赐宴图

现以乾隆皇帝及其他皇室成员在避暑山庄的膳食活动为例，进行介绍。据乾隆五十三年《节次照常膳底档》记：

驾幸热河木栏……（七月初七日）寅正请驾，卯正二刻上（乾隆）至水芳严秀供前拈香行礼毕，卯正，一片云西暖阁进早膳，用填漆花膳桌，摆燕窝扁豆锅烧鸭丝一品（沈二官做）（红黄碗）、酒炖鸭子、酒炖肘子一品（郑二做）（红潮水碗）、燕窝肥鸡丝一品（朱二官做）（八仙碗）、羊肉片一品、托汤鸭子一品（此二品五福珐琅碗）、清蒸鸭子、烧狍肉攒盘一品、煳猪肉攒盘一品、竹节卷小馒首一品、孙泥额芬白糕一品、巧果一品（此三品珐琅盘）。随送，萝卜丝下面进一品；额食三桌：饽饽十二品、菜一品（收的）、奶子二品，共一桌；内管领炉食四盘，一桌；盘肉七盘，一桌。上进毕，赏用。妃嫔等位，一片云东暖阁聚座分例膳。早膳后熬茶时，送符供尖巧果一品、瓜果三品，共一盒。呈进，上进毕，赏祥玉等。

七月初七日，未初二刻，梨花伴月进晚膳，用折叠膳桌，摆辣汁鱼一品（八吉祥盘）、燕窝鸡糕锅烧狍一品（沈二官做）（八仙碗）、猪肉丸子清蒸鸭一品（朱二官做）（红黄碗）、炒鸡白鸡子炖杂脍一品（红潮水碗）、羊他他士一品（五福珐琅碗）。后送，符供鹿筋鹿肉条一品、炒鸡蛋一品、蒸肥鸡烧狍肉攒盘一品、挂炉鸭子攒盘一品、象眼小馒头一品、猪肉馅包子一品、巧果一品（此三品珐琅盘）、珐琊葵花盒小菜一品、珐瑯碟小菜四品。随送，仓米水膳进一品，上进毕，赏用。

（七月十七日）寅正一刻请驾，卯正二刻，（乾隆）勤政殿进早膳，用填漆花膳桌，摆额思克森一品、全猪肉丝一品（此二品大银碗）、燕窝鸭腰锅烧鸭子一品、燕窝攒丝肥鸡一品（此二品八仙碗）、燕窝葱椒鸭子一品（江黄碗）、烧肉烧肝血肠攒盘一品、塞勒肝肚抓攒盘一品、肥鸡腿烧狍肉猪尾庄一盘、竹节卷小馒首一品、孙泥额芬白糕一品（此二品黄盘）、江米饷藕一品、煮藕一品（此二品珐瑯盘）、珐瑯葵花盒小菜一品、珐瑯碟小菜四品。随送，燕窝红白鸭子大菜汤膳进一品（此一次亦未赏额食）。次送，东西两边，赏随营王公大人福康安、海蓝察、鄂辉、普尔普巴图里辖人等九十余人，用桌五十张。每桌：全猪肉一盘、全羊一盘、蒸食一盘、米面一盘、银螺蛳盒小菜二个、乌木块（筷）子二双、肉丝汤、膳房饭。

七月十七日，未初二刻，含青斋进晚膳，用折叠膳桌。摆：肥鸡火熏白菜一品、酒炖扒鸭一品、葱椒羊肉一品、糟鸭子酱肉一品、羊他他士一品。次送，煠煠（排）骨一品、蒸肥鸡烧狍肉攒盘一品、挂炉鸭子挂炉肉攒盘一品，象眼小馒首一首、白糖油糕一品、饷藕一品、银葵花盒小菜一品、银碟小菜四品。随送，仓米水膳一品。次送，菜二品（收的）、饽饽二品，共一桌。上进毕，赏用。

乾隆及其皇室成员在避暑山庄的膳食种类繁多，菜品精美，早晚膳食除了日常肉类及面点小吃外，更有燕窝、野味等佳肴。乾隆朝后期，边疆用兵开支巨大，乾隆皇帝又屡次出巡外省，国库日渐空虚。尽管如此，饮食方面的奢靡之风仍然不减，这一点从乾隆在避暑山庄中膳食中即可体现出来。

2.3.5　慈禧太后在颐和园的御膳

颐和园是清光绪时期兴建的大型皇家园林。晚清时期，颐和园是清代最高统治者在紫禁城之外重要的政治、外交活动中心，也是慈禧太后颐养天年的夏宫。自光绪十七年（1891 年）始，慈禧即在颐和园驻跸，每年要在颐和园住 5 ～ 10 个月，有时从 2 月份断断续续住到 9 月，10 ～ 11 月才回紫禁城（图 2.3–4）。慈禧在颐和园的日常用膳十分讲究。园内设有“寿膳房”（图 2.3–5）八所院落专门为慈禧供应膳食，负责烹调的太监、厨师、茶役等共 128 人，谢二、王宝山、张永祥等都是当年为慈禧烹饪菜肴的著名厨师。根据清朝太监信修明遗著记录，慈禧在颐和园期间每日膳食“份例”是盘肉（猪肘子）50 斤、猪 1 只、羊 1 只、鸡鸭 2 只、新细米 2 升、黄老米（紫米）5 合、江米 3 斤、粳米面 3 斤、白面 15 斤、荞麦面 1 斤、麦子粉 1 斤、豌豆 3 合、芝麻 1 合 5 勺、白糖 2 斤 1 两 5 钱、核桃仁 4 两、盆糖 8 两、蜂蜜 8 两、干枣 10 两、松仁 2 钱、枸杞 4 钱、面筋 1 斤 8 两、香油 3 斤、鸡蛋 20 个、甜酱 2 斤、豆腐 2 斤、粉锅渣 1 斤、鲜菜 15 斤、清酱 2 两、醋 5 两。另外，慈禧在颐和园中基本的膳食规格是：

大碗菜 4 品，中碗菜 4 品，碟菜 6 品，片盘 2 品，饽饽 4 品，汤及汤面 2 品，冬天加火锅 2 品。大碗菜有燕窝“福”字锅烧鸭子、燕窝“寿”字白鸭丝、燕窝“万”字红白鸭子、燕窝“年”字什锦攒丝、燕窝“万”字金银鸭丝、燕窝“寿”字五柳鸭丝、燕窝“无”字白鸭丝、燕窝“疆”字口蘑鸭汤等，中碗菜有燕窝肥鸭丝、溜三鲜鸽蛋、烩鸭腰、燕窝鸡皮、川鱼脯丸子、木樨肉、鸡丝煨鱼面、炖海参等，碟菜有燕窝炒鸡丝、肉片炒翅子、溜野鸭丸子、果子酱碎溜鸡蘑、炒鸡片、燕窝炒炉鸭丝、蜜制酱肉、大炒肉焖玉兰片、溜鸡蛋、肉丝炒鸡蛋、口蘑炒鸡片等，片盘有挂炉鸡、挂炉鸭、挂炉猪等，饽饽有百寿桃、五蝠捧寿、桃寿意白糖油糕、寿意苜蓿糕、寿意立桃、万寿糕等，汤品有燕窝鸭条汤鸡丝面等，火锅有羊肉炖豆腐、炉鸭炖白菜、八宝奶猪、

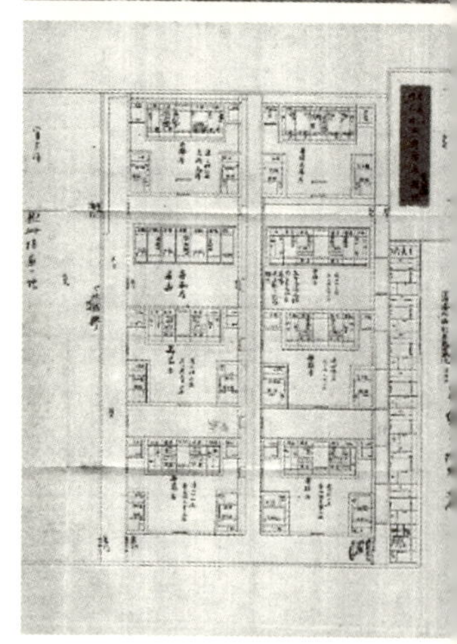

图 2.3–4　慈禧在颐和园乐寿堂（上）

图 2.3–5　颐和园寿膳房图样（下）

酱炖羊肉，还有鹿脯、鹿胎、山鸡、熊掌、芦雁、天鹅、地哈士蚂（林蛙）等野味和各种猪肉、羊肉、蒸食、炉食。

由上述文献所述，慈禧的膳食十分精良、考究，仅燕窝鸭丝一类便分为燕窝“寿”字白鸭丝、燕窝“万”字金银鸭丝、燕窝“寿”字五柳鸭丝、燕窝“无”字白鸭丝、燕窝肥鸭丝、燕窝炒炉鸭丝六种做法。而鹿脯、鹿胎、熊掌、天鹅、林蛙等更是难得的极品。据说慈禧在颐和园乐寿堂用膳时有严格的规矩，餐桌需放在起居室西侧。传膳前寿膳房将菜品放入淡黄色木制膳食盒中，外包棉垫，封严不漏气。传膳时，膳房小太监穿蓝布袍，戴白套袖，排队于乐寿堂走廊中。先是传膳太监传旨开膳，然后小太监各将膳食盒搭在右肩上，在管膳太监及膳房首领的带领下依次进入殿内。内侍太监将小太监手中的菜品一一放在餐桌上，总管太监李莲英先用银筷试尝，确认没有问题后慈禧才开始用膳。慈禧用哪样菜，由太监将哪样菜送至慈禧面前。

除了日常膳食之外，慈禧还曾在颐和园举行过寿宴。清朝帝过生日举办的寿宴是内廷大宴之一，是御膳中的精品筵席，代表了宫廷饮食文化的最高规格。慈禧太后的寿宴一般在故宫储秀宫或颐和园的乐寿堂、仁寿殿、排云殿设宴庆贺。如《上驷杂志》中记，每逢慈禧在颐和园中做寿，都要大设宴席，宴请王公大臣、公主命妇，“日费千万两，歌舞无休日”。光绪二十年（1894 年）、光绪二十三年（1897 年）、光绪二十八年（1902 年）、光绪二十九年（1903 年），慈禧于颐和园举办过五次万寿庆典，规模隆重。尤其是光绪二十年慈禧六十大寿的庆典，公卿、妃嫔皆来庆贺，慈禧均在颐和园设宴款待（图 2.3–6）。按慈禧懿旨：

二十年十月初三日申刻，皇帝率领王公百官诣仁寿殿筵宴，皇帝进爵。初四日巳刻，皇后率领妃嫔、公主、福晋、命妇等诣仁寿殿筵宴，皇后进爵。初五日辰刻，还宫。初六日午刻，诣寿皇殿行礼。初八日午刻，还颐和园。初十日巳初，御排云殿受贺。十二日卯刻，皇帝率领近支王公等诣仁寿殿筵宴进舞。

颐和园听鹂馆查找清代颐和园寿膳房的膳单和大量清宫饮食档案

图 2.3–6 颐和园慈禧万寿庆典图

资料整理出了慈禧寿宴的菜单：

（1）万寿无疆筵席：（图 2.3–7）

到奉香茶一品。

四干果：炸杏仁、瓜子、核桃仁、怪味花生

四鲜果：葡萄、金橘、荔枝、李子

四蜜饯：桃脯、蜜枣、藕脯、蜜红果

四面果：苹果、寿桃、石榴、佛手

凉菜：二龙戏珠、麻辣牛肉、泡菜、炝虾片、金针菇、蛋卷、金勾芹菜。

热菜：万字燕菜一品、寿字人参鸭方、无字散花鱼、疆字闹海虾、雀巢鱼骨、鲍鱼龙须菜、梅花银耳、茉莉酿竹荪汤、雪花桃泥、金鱼戏莲一品、五蝠捧寿桃一品、宫廷点心四品：四喜饺、菊花包、佛手酥、如意卷。

宫廷小吃：豌豆黄、芸豆卷、小窝头、时令果盘、告别香茶。

（2）福禄寿喜席

奉上香茶一品。

图2.3-7 万寿无疆筵席

四鲜果、四干果、四蜜果、四面果。

凉菜：丹凤朝阳；大蒜海蜇、酸辣瓜条、麻辣鸡丝、人参王瓜、五香鱼、甜叉烧。

热菜：清汤芦笋；佛手围鱼翅、乌龙吐珠、白扒广肚、油爆鲜贝、扒炒鱿鱼卷。

宫门捧鱼：锅贴鱼丝、金缕生鳝、糖醋鱼卷、烧鱼脯。

红娘自配：京糕虾卷、金钱虾饼、枸杞虾片、翡翠虾仁。

长青猴头蘑；菊花生片鱼锅、拔丝苹果。

面食：五蝠寿桃、绿苗玉兔、蘼茸千层饼、萨其马、枣花糕、豌豆黄、芸豆卷、小窝头。

(3) 延年益寿席

奉上香茶一品。

四鲜果、四干果、四蜜果、四面果。

凉菜：松鹤延年：蜜汁党参、首乌冬菇、南荠海蜇、陈皮牛肉、内金肚丝、芙蓉瓜皮。

热菜：迷你佛跳墙、参茸丹汤、当归甲鱼、酒醉全蝎、丁香烤鹿腿、太子飞龙丁、罐焖狍丸、珍珠羊肚菌、凤片莼菜汤、冰糖蛤士莫。

面食：珍珠御饺、赤豆佛手、鸳鸯酥合、柏子烧饼、枣丝糕、豌豆黄、芸豆卷、小窝头。

(4) 吉庆有余席

奉上香茶一品。

四鲜果、四干果、四蜜果、四面果。

凉菜：金鱼戏莲：五香酱填鸭、酱汁菠菜、蝴蝶鱼、炝鲜蘑、炸佛手、拌白菜。

热菜：龙井发菜汤、寿桃麒麟面、蚝油山鸡片、桃仁凤卷、葵花仔鸽、寿星香桃、荷包三鲜、干贝芝麻条、琥板全蟹、孜然寿肉、金水渡舟、香糟鱼卷、胡荽鱼卷、麻辣鳝片、蝴蝶鱼、罗汉双珍、菊花水中二宝。

面食：千层糕、芙蓉包、水晶包、象眼饺、酥盒子、豌豆黄、芸豆卷、小窝头。

(5) 江山万代席

奉上香茶一品。

四鲜果、四干果、四蜜果、四面果。

凉菜：龙凤呈祥：三鲜肉卷、珍珠笋、油焖香菇、干贝酥、盐水鸭肝、糖醋国藕。

热菜：凤还巢、玉手撑天、宫廷烤鸭（银汁鸭丝、清炸鸭肝、鸡油鸭掌、鲜蘑鸭舌）银龙戏水（松子鱼米、茄汁鱼条、海棠鱼果、香蘇鱼筒），一品芙蓉虾、蚝油乌背、鸡茸菜花、八珍暖锅、菠萝莲子羹。

面食：像生寿桃、水晶大虾、银丝卷、太极酥合、鸳鸯戏水、豌豆黄、芸豆卷、小窝头。

(6) 普天同乐席

奉上香茶一品。

四鲜果、四干果、四蜜果、四面果。

凉菜：孔雀开屏；虾子冬笋、珊瑚白菜、盐水大虾、鲜笋鱼片、五香牛肉、油炝鲜椒。

热菜：山鸡莼菜汤、金凤鱼翅、函蒙仔鸽、宋氏活鱼、姜葱龙虾、赵先生鸡丁、双冬鹿肉、黄葵伴雪梅、鸡油煨茭白、核桃酪、鲍鱼芦笋汤。

面食：水晶千层饼、三鲜烧卖、油丝饼、兰花酥、蜜汁排叉、豌豆黄、芸豆卷、小窝头。

慈禧寿诞筵席上多有吉祥字样的拼摆，席面上有“福寿万年”、“万寿无疆”等字样。一次宫廷寿宴实际上就是一次人间美味的盛展，美食纷呈，燕乐萦绕。寿宴伊始，手捧着一道道佳肴妙馔的侍膳太监，从各路鱼贯而来，汇集到筵宴大殿，将美馔摆在百十张筵桌上，名食美馔不可胜数。如遇大寿，则庆典更为隆重盛大，系派专人专司，衣物首饰，装潢陈设，乐舞宴饮一应俱全。慈禧在颐和园的寿膳是清代宫廷饮食文化的代表，也是皇家园林文化内涵的重要组成，寿膳菜单的整理为寿膳文化的传承提供了宝贵的资料。

2.3.6　香山的“三班九老宴”

香山历史悠久，风景秀丽，是北京西北郊著名的皇家御苑，乾隆皇帝将其命名为“静宜园”。香山的“三班九老宴”由唐代的“九老会”、宋代的“耆英会”发展而来，是乾隆皇帝为孝圣皇太后庆祝寿辰举办的大型寿宴。乾隆从70岁以上的在朝文官、在朝武官和已退休的致仕人中各选出九人，各成一班，共计二十七人，合称“三班九老”（图2.3–8），统称一会。规定每十年举办一次宴会。《九老会诗》序记：

九老会仿于唐而继于宋。然宋自别名为耆英，而唐亦始以七后乃成九。且被或朝野杂侧，文武错参，甚至缁流并预，益无取焉。我国家累洽重照，渐摩培养，史称世如春而人多寿，信非虚语。恭值圣母七旬庆寿，命举九老之会，用晋万寿之觞。盖诸王与在朝文臣为一班，武臣为一班，致仕者别为一班，各得九人，统名一会。合二十七人之岁得若干，所谓三寿作朋，如冈如陵。诗不云乎：孝思不匮，万寿无疆；万寿为祺，志所宜然。事或难必合廿七人若干岁，以为圣母寿天，其申命锡予乎。朕成首倡三章，诸臣自记其事。有不能诗者，命内廷

图 2.3-8 《清贾全画二十七老、沈初书诗卷》

翰林代成。并勅画院绘图，于以熙鸿介祉，永兹盛典。将届圣母八旬九旬期颐以至若干寿，则我朝臣之登眉梨耆鲐者，必亦蒙庥近光，与年并增。朕当十年一举盛会，其欢喜庆幸曷其有极哉。

被选中的官员由皇帝亲自下诏书，请他们来京赴宴。对年老行动不方便的老人，则由所在州县派专车护送至京。宴会上，乾隆命人将参加宴会的老人的名字如数记入史册，赐游香山静宜园，并让画工艾启蒙绘图。这是从未有过的皇帝恩赐，受赏者倍感荣光。乾隆曾在香山举办过两次三班九老宴。第一次是乾隆二十六年（1761 年）庆祝皇太后七十岁生日；第二次是乾隆三十六年（1771 年）庆祝皇太后八十岁生日。宴会后乾隆赋诗作为纪念：

《命九老等游香山再题以句用白居易诗韵》

九老作朋总廿七，
黖颠华发映髭须。
庙堂未免拘仪度，
泉石特教咨讌娱。
丹陛暂辞心肯忘，
玉关归后气犹粗。
听松只合鸾杯举，
陟巘宁须鸠杖扶。
一例香山南让北，
千秋群彦画成图。
如今拟问白居易，
似尔当年少欠无？

《命九老游香山再用白居易诗韵》

七贤初作洛中会，
增二才成九白须。
岂似三班同祝嘏，
遂教一日共游娱。
恩因尚龄优而渥，
兴忘引年豪且粗。
那许林丞闭门拒，
何妨内使陟山扶。
拈须伫待新诗咏，
选手仍依旧例图。
更有三人重写像，
方兹荣幸世真无。

香山公园查阅相关古籍资料，整理出"三班九老宴"菜单如下：

一、亮席十二品

冷菜四品：拌咸丁、风干肉、肉脯、香炸果仁

干果四品：格格葡肉、格格杏脯、炸烹夏果、香醋桃仁

鲜果四品：水晶橘子、冰糖红果、银耳苹果、京糕梨丝

二、奉香茗一品：（西湖龙井）

三、看盘一品：松鹤延年　主料：核桃、琼脂、象牙白萝卜、菜汁

四、凉菜八品：金针蜇丝、酸黄瓜、糯米藕、炝拌野菜、五香酱牛肉、蒜泥肘花、蝴蝶鱼片、三丝贝尖

五、热盏一品：九老聚八仙　主料：鱼翅、银雪鱼、干贝、竹荪、海鲜、银耳、大虾肉、鱼肚

六、碗菜四品：

吉祥鸭子（清炖）主料：上汤、花旗参、白条鸭、冬瓜

如意狍子（炖）主料：狍子肉、大枣、冬笋

福禄里脊（熘烩）主料：海参、里脊、葱段

寿禧口蘑鸡（清蒸）主料：口蘑、肥鸡、山药

七、面点二品

百寿桃、苹果包、如意卷、佛手卷

招财进宝（烤制）

八、盘菜四品

“万”字百鸟朝凤（咸鲜）主料：鱼翅、大虾、鸡丝

“寿”字御赐宝盒（鲜香）主料：鲍鱼、菜胆、大虾肉

“无”字香莲荔枝球（酸甜）主料：莲子、松仁、荔枝、鸡茸

“疆”字仙猴捧寿（咸鲜）主料：猴头蘑、豆腐、虾鱼泥

九、面点二品

翡翠烧卖或四喜饺

玉兔包或珍珠球

十、八吉祥热锅一品　主料：土鸡、羊肉、鸽肉、狍肉、鹿肉、鸭脯、通脊、肥牛（青菜、粉丝、豆腐、冬笋、竹荪、木耳、香菇、山菌）

十一、寿面一品　主料：鸡丝、青菜丝（上汤）

十二、果盘一品

十三、奉香茗一品（碧螺春）

两次三班九老宴举办过后，乾隆依然期盼再次在香山举办宴会。乾隆四十年（1775 年），他在《题檀镂香山九老屏风九老以玉为之》诗中，以“盛典香山亦再举，其三其四祝无央”的诗句表达他念念不忘已经举办的两届宴会，并希望继续举办第三、第四次宴会的心情。只可惜乾隆四十二年（1777 年）皇太后去世，香山的三班九老会就此停办，以后再未举行过。然而乾隆帝对三班九老盛会一直没有忘怀。乾隆四十八年（1783 年），乾隆在香山静宜园驻跸三日，看到香山陈设的屏刻，回忆起两度赐“三班九老”宴，为母亲祝寿的情景，潸然泪下，挥毫写下《题木刻屏——香山佳会》：“香山屏刻会香山，九老遗风想象间。却忆祝釐曾两度，那禁即景涕潸潸。”抒发自己的怀念之情。

第 3 章　北京公园内餐厅概述

3.1　北京公园饮食老字号

中国是个美食的国度，《汉书 · 郦食其传》云："王者以民为天，而民以食为天。"可见，中国人很早就把"吃"当成一件至关重要的事情。中国的饮食经历了悠久的历史发展，已成为传统文化的一个重要组成部分，在长期的演变和积累过程中，从饮食结构、食物制作、食物器具到营养保健和饮食审美等方面，逐渐形成了独特的风格，创造出自成体系的饮食文化。说中国的饮食文化"博大精深"一点也不为过，这其中不仅仅有菜肴的色、香、味以及煎、炒、烹、炸等精湛厨艺，更涉及历史、人文、礼仪、艺术、风俗、民族、地域等诸多方面。那些传承中国饮食文化的老字号餐厅同样有着耐人寻味的身世及广为流传的故事。国内公园中的老字号餐厅为数不少，这些餐厅从历史到掌故，从菜肴到环境都承载着浓厚的文化根基，是一笔宝贵的饮食文化遗产。本节选取其中几个典型餐厅，从历史、现状、菜系、餐厅文化价值等几方面进行介绍。

3.1.1　颐和园听鹂馆

听鹂馆饭庄是著名的中华老字号宫廷风味饭庄（图 3.1–1）。位于举世闻名的皇家行宫颐和园内万寿山南麓，是园内 13 处主要建筑之一。1750 年，乾隆皇帝为其母亲孝圣皇太后祝寿修建听鹂馆，是园内供帝后欣赏戏曲和音乐的地方，因借黄鹂鸟的叫声比喻戏曲、音乐之优美动听而得名。听鹂馆前隔长廊，面临碧波荡漾的昆明湖，背靠万寿山上著名的“画中游”，四周翠竹掩映，玉兰、海棠迎宾，景色宜人。馆中著名的建筑是一座两层的小戏楼。乾隆曾用“夏初春末愁中过，山馆输他独听鹂”的诗句来赞叹听鹂馆的美景。1860年被英法联军烧毁。光绪年间（光绪十二年），慈禧太后主持重建并亲自题写匾额“听鹂馆”（图 3.1–2），听鹂馆便成为慈禧太后宴请外国使臣和与其宠臣、嫔妃们听戏、饮宴、娱乐的重要场所。至今听鹂馆寿膳厅门前仍悬挂着慈禧手书御匾“函蒙祉福”，厅内悬挂着清朝大臣书写的敬献给皇家的唐朝、元朝著名诗人赞美皇家宫廷筵宴的词匾。

民国时期，颐和园听鹂馆被辟为接待国民党和无党派人士的特殊场所，清宫御厨延续着清宫廷菜的制作技艺。此时听鹂馆也曾被辟为餐厅，1914 年有商人在听鹂馆开设食堂、茶座，如“听鹂馆励志社招待所”等，开展饮食、茶座服务；1924 年商人陈玉山在听

图 3.1–1　听鹂馆饭庄外景（下）
图 3.1–2　听鹂馆匾额（上）

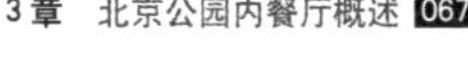

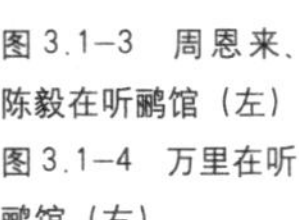

图 3.1–3 周恩来、陈毅在听鹂馆（左）
图 3.1–4 万里在听鹂馆（右）

鹂馆开设万寿山食堂；著名国画家张大千曾住在这里挥笔作画。

1949 年建国后听鹂馆成为经营清宫御膳的餐厅。同时也是专门接待中央首长及世界各国贵宾的场所，为党和国家、政府提供政治服务，自 1949 年开业以来先后接待过 200 多位国家元首和高层领导人，100 多个国际组织成员和众多的国际代表团（图 3.1–3、图 3.1–4）。

听鹂馆饭庄是宴请和做寿的理想之地，占地 6000 余平方米，营业面积 2700m^2。为了尽可能完全地恢复和重现清代饮食文化的特色，秉着保护古建的原则，按照历史原状对餐厅环境进行了布置。整体色调以明黄色为主，包括窗帘、台布、口布、桌围等等，而绣有龙凤图案的台布尤其突现皇家的高贵气质。餐具摒弃了千篇一律的式样，仿制了与清宫同一样式，具有祝福寓意的“万寿无疆”餐具（图 3.1–5、图 3.1–6），不仅与听鹂馆的寿膳筵席配套，再现了当年慈禧寿膳的场景，同时也与制作的宫廷菜品相互映衬，形成了鲜明的宫廷寿膳特点。

饭庄共有“寿膳厅”、“福寿厅”、“益寿厅”、“药膳厅”等大小餐厅 8 个，可同时接待 500 余人就餐。福寿厅内有溥杰先生所题“宫廷寿宴”匾额。此外又有金碧辉煌的龙凤阁。凤在上，龙在下，反映出慈禧皇太后的权力至上，正中赤金寿字，两边百寿图和天花顶上的福寿交织成为福寿图。药膳厅有爱新觉罗 · 毓桓继明先生所书“中国宫廷滋补药膳”匾额。寿膳厅的厅房正面是“百鸟朝凤”的屏风。再往前是“历史名人专桌”，周恩来、朱德、邓小平等 200 多位国家领导曾在此桌宴请外国首脑。关于听鹂馆的建筑还有一段传说：老北京有“磨砖对缝听鹂馆”之说，“磨砖对缝”是指砖有六面，先把做墙面的一面磨成见棱见角、尺寸一样的长方形，其他四面都向内磨成斜面抹沙灰粘合，剩下一面做室内墙面用沙灰抹平。整体建筑从外面看，砖与砖之间没有任何沙灰粘合的痕迹，好像用砖码放起来一样，这一建筑形式构成中国古老建筑的一大特点。据说，慈禧太后当年亲临现场验收听鹂馆时，特别让李莲英拔下一根头发，看砖缝间能不能插进去，地面上也要倒一桶水，看有没有存水的地方，结果砖缝能容发，地面有积水，监工以动摇大清根基罪被斩首。

图 3.1–5 粉彩开光万寿无疆纹汤盆－光绪（上）
图 3.1–6 五彩万寿无疆五蝠捧寿纹小盘－光绪（下）

听鹂馆改为饭庄后，精美的菜肴与“磨砖对缝”建筑相得益彰。听鹂馆以经营正宗的宫廷寿膳、宫廷滋补药膳以及其他宫廷菜肴闻名于世。其中最有名的要算“宫廷寿膳”。宫廷寿膳在清代是帝后过寿的诞宴，有着十足的皇家血统，是内廷的大宴之一。根据《颐和园志》记，慈禧太后 60 岁、63 岁、68 岁、69 岁、70 岁的万寿庆典均是在颐和园里举行，其间自然少不了寿膳宴席。

听鹂馆以清代颐和园寿膳房的膳单和大量清宫饮食档案资料为依据，经过挖掘整理、推陈出新，传承了一整套宫廷寿膳宴席及代表菜品，听鹂馆寿膳包括十余种宴席：祝福延年益寿的“万寿无疆席”、祝福吉祥如意的“福禄寿禧席”、象征太平盛世的“江山万代席”、注重营养保健的“延年益寿席”、还有吉庆有余席、普天同乐席、万年如意席、福寿万年席、多寿多福席、全鱼宴、全鹑宴等。其中以“万寿无疆席”最具特色和代表性。

万寿无疆席以“万字燕菜卷”、“寿字人参鸭”、“无字散花鱼”和“疆字闹海虾”四道主菜中的“万”“寿”“无”“疆”四个字命名（图 3.1–7）。（这四

图 3.1–7 “万字燕菜卷”、“寿字人参鸭”、“无字散花鱼”和“疆字闹海虾”四道主菜

道菜分别配有形态逼真，惟妙惟肖的自制面人吕洞宾、老寿星、何仙姑、哪吒装点其间。）开席之前，需先备置香茶一品以及四干果、四鲜果、四蜜饯和四面果。这四干、四鲜、四蜜、四面又称“看果”。然后是凉菜：凉菜主盘为二龙戏珠，先用各种原材料制成半成品，精工细琢，最后拼摆成栩栩如生的两条蛟龙戏珠图案，其围盘是具有各种造型图案的麻辣牛肉、泡菜、炝虾片、金针菇、蛋卷、金勾芹菜。

凉菜之后是主菜，万寿无疆席主菜的选料名贵、制作精细，除了“万”“寿”“无”“疆”四道菜以外，万寿无疆席的主菜还有龙凤呈祥（图 3.1–8）、丹凤朝阳、寿星香桃（图 3.1–9）、龙舟活鱼、雪梅伴黄葵、罗汉菜心、雪花桃泥、雀巢鱼骨、鲍鱼龙须菜、梅花银耳、茉莉酿竹荪汤、绣球干贝、五蝠贺寿、御膳四宝、香酥鸡等等；上主菜的同时又有辅菜，主要是糕点、面食、果品等小吃：干果、鲜果、

图 3.1–8　龙凤呈祥（左上）
图 3.1–9　寿星香桃（右上）
图 3.1–10　豌豆黄（左中）
图 3.1–11　芸豆卷（右中）
图 3.1–12　小窝头（左下）
图 3.1–13　肉末烧饼（右下）

蜜饯、面果；宫廷冷点：五蝠捧寿桃、金鱼戏莲酥、鸳鸯酥、象眼饺、澄沙包、冬菜菊花包、苹果、葫芦、喜字饼、如意卷、佛手酥、豌豆黄（图 3.1–10）、芸豆卷（图 3.1–11）、小窝头（图 3.1–12）、肉末烧饼（图 3.1–13）等等，均分别用水面、油面，捏制成各种形状后，通过烤制、蒸制等方法，做成各种造型；最后上时令果盘；告别香茶。

寿宴中有些菜还有典故。如“龙舟活鱼”，据说是乾隆皇帝一次南巡私访时发现的菜肴。当年乾隆来到苏州淞江岸边，发现停放着一艘金黄色的龙船。乾隆顿生游兴，正欲起步上船却被船家阻止。说："此舟专为天子而备，庶人无福享用。"乾隆在笑谈中无意露出了贴身黄龙衬衣，船家见状惊跪在地，请乾隆上船。乾隆并未怪罪他，解索离岸，泛舟江上。时过中午乾隆命传膳，正巧船家善烹鱼肴，他从江中捞起活鱼烹制了一道"金水渡船"，只见偌大的鱼盘中，金黄色汤汁里浮动着一条用鱼做的"龙舟"。乾隆品尝后极为赞赏，即更名为"龙舟活鱼"，将此菜选入宫中，自此成为宫廷御膳名肴。再如面点中的"小窝头"，据说当年八国联军打进北京时，慈禧仓皇出逃，路上又饥又渴，两天没吃东西，百姓们端来窝头，君臣于是争先恐后抢窝头在手，大啃大嚼，慈禧吃了窝头觉得鲜美无比，回到宫中便叫御膳房照做，最后做成这种米面、栗子面的小窝头就成了御膳中的一种。

万寿无疆席制作技艺集炖、焖、煨、蒸、煮、熬、炒、炸、烧、扒、煸、焐、炝、拌、汆、烘、酥、焙、堆、拼、淋、蜜汁、羹等宫廷菜烹饪方法于一体，在造型手段上主要是用"围、配、镶、瓤"等技艺，围、配、镶、瓤是宫廷寿膳特有的烹饪技法。"围"是以菜围荤，以小围大，主料制成后，在外围上时令菜蔬；"配"是指成菜的原料不能单一，由两种以上主料搭配协调合制而成；"镶"是将一种经过加工的原料点缀在另一种原料之中；"瓤"是将原料加工成茸、泥、丝、粒等，抹在或装在成形的原料托子内，使菜肴饱满鲜亮。在菜肴烹制过程中，这些方法是配合运用、兼而有之的，如围中有配、配中有镶、镶中有瓤、瓤中有围，只有十分注重配合使用，才能达到宫廷菜在造型上与众不同的特殊要求，菜肴的图案造型才能像盆景一样美观悦目。

可见，听鹂馆菜品制作时间长，制作技艺繁琐、精细，对菜品的质量要求极高，是显示厨师功底的"功夫菜"。谈到厨师，在过去皇帝的御膳，被公认为是代表中国传统烹饪的最高水平。因为在那时，天下的名食不仅荟萃京城，就连名厨也要为皇帝所专用。颐和园听鹂馆饭庄的名厨，就是以御膳正宗的传统技艺闻名海内外的。听鹂馆厨师技术力量雄厚，王宝山、陈泉山、刘德俊、王福友、赵德民、黄恩顺、德永顺、冯万顺等是老一代的厨师。他们亲手带出了传人，如中国面点名师、北京面点大师张矩明，烹饪高级技师、国家高级评委李晓静，中国药膳大师赵志强，以及高级技师、技师60余人，传承了听鹂馆宫廷风味菜肴的特点。

听鹂馆的寿膳不但菜品丰富而且造型精美，宾客在品尝美味的同时，还能享受到视觉和文化的饕餮盛宴。注意突出“宫廷风味”，保持一个“古”字，将山珍海味、飞禽动植经过合理的搭配，运用现代烹饪技艺精心加工制作，创造出了既不失古代风格又适合当代营养科学的菜点，每个品种选料严格、制作精细、色彩艳丽、形象逼真、醇鲜可口、软嫩清淡、富于营养。

图3.1–14 听鹂馆“中华老字号”匾额（上）

图3.1–15 听鹂馆寿膳技艺“非遗”匾额图片（下）

听鹂馆寿膳代表了中国传统宫廷饮食文化的精华，听鹂馆饭庄以中国宫廷寿膳之代表，荣获了2006年由商务部重新审定的“中华老字号”（图3.1–14）企业、国家特级酒家、北京旅游五星级餐馆、中国药膳名店、中国风味特色餐厅等。听鹂馆寿膳中的菜品多次在北京市及全国的烹饪、面点、小吃大赛中获奖。目前，听鹂馆寿膳的制作技艺已被列入北京市非物质文化遗产名录，正在申报国家级非物质文化遗产（图3.1–15）。

健康长寿是中国人的传统理念，听鹂馆传承的宫廷寿膳作为清代宫廷最高规格的寿诞宴席结合了宫廷饮食的色、香、味、形、质、意，即风格庄重且栩栩如生，包涵丰富的宫廷饮食文化、烹饪技艺、菜品造型艺术及筵席寓意等，是历史留给后人的宝贵财富，是体现清代宫廷饮食文化、礼仪制度的物质载体，是皇家园林颐和园文化内涵的重要组成部分，在历史和当代均承担着重要的政治接待和文化传播功能，具有深厚的历史文化底蕴和服务现实的功能。

3.1.2　中山公园来今雨轩

来今雨轩饭庄（图 3.1–16）始建于 1915 年，最早是由当时中央公园董事会发起成立，现坐落在北京中山公园内西侧，此处景点名曰：杏花村。主体建筑具有浓郁的古典色彩，庭园院内花草环绕，假山、小桥、喷泉、瀑布相映成趣，庭、台、楼、阁、榭组成一幅完美画卷。沿叠翠廊拾阶而上，凭栏远眺，只见古树参天，故宫等建筑掩映在苍松翠柏之中，风景极为优雅。饭庄原址在中山公园内坛墙东南角外，黑筒瓦歇山卷棚屋面，南向，建筑面积 481m^2，厅前平台周围砌矮花墙，中间独置太湖石一座（图 3.1–17）。厅后西侧堆叠山石，为广东刘姓老人堆砌。目前这些均得以保留。轩名为北洋政府内务总长朱启钤所定，其由来有一段典故：唐朝诗人杜甫在京城长安闲居时，曾受到唐玄宗的赏识。这时，一些人看到杜甫得官有望，便都争着和他交朋友，却不料杜甫并没有做官，而且日渐穷困，这些新结识的朋友就再也不和他交往了。天宝十年秋，一个阴雨连绵的季节，诗人贫病交迫，这时却有一个姓魏的朋友冒雨来访，这使杜甫很受感动，作《秋述》诗一首以表示谢意。诗前有小序："秋，杜子卧病长安旅次，多雨生鱼，青苔及榻，常时车马之客，旧雨来，今雨不来……"。表达了交朋友应重在友谊。而"旧雨"、"新雨"即成了老朋友、新朋友的代称，"来

图 3.1–16　来今雨轩外景图片（左）
图 3.1–17　老来今雨轩（右）

今雨轩”取新旧朋友之间应怀着真挚的友情来此欢聚一堂之意，意味深长，充满人性化的启迪。“来今雨轩”匾额由北洋政府大总统徐世昌题写，现匾为中国佛教协会会长赵朴初书写。两旁金字楹联为：“三篇陆羽经，七度卢同碗”。上联指茶圣陆羽留有《茶经》上、中、下三卷；下联指唐代诗人卢同《饮茶歌》描写连喝七碗茶的感受。

来今雨轩建成后本拟作俱乐部，后改为餐馆，由赵升承租开设了华星餐馆和茶座。1926 年，为扩大经营面积，又在厅前接建铅铁顶罩棚 7 间（现已经拆除）。1929 年 1 月 30 日因营业亏损，改由商人王尧年承租，开设公记西餐馆兼营茶座。每月租金 240 元。由于环境幽静、品味高雅、服务周到，不少文化名人，社会团体到来今雨轩品茗、交谈、集会、宴请，在京城颇负盛名。1949 年王尧年经营的来今雨轩由于生意不佳，8 月 13 日经管理处批准设音乐餐厅。1950 年公记西餐馆歇业，10 月 1 日，中餐部由王梦燮承包，西餐部由陆荫蟾承包。此前，餐馆有华星、公记字号名称，但人们习以建筑名称“来今雨轩”相呼。自此，餐馆也就不再另起名号了。

1952 年 9 月 19 日北京市人民政府联合办公会决定，来今雨轩饭庄中西餐部归公园管理处直接管理经营。1954 年 6 月 8 日北京市园林处指示，为便于经营管理，将来今雨轩中西餐部合并，于 7 月 20 日开始营业。主营西餐和山东风味中餐菜肴。

1958 年著名烹饪师高连元进店主厨，撤销西餐独营中餐，改营川黔菜。代表菜品有赵先生鸡丁、马先生汤、干烧活鱼、家常鳝段等上百种。其中较为著名的赵先生鸡丁成名于已不复存在的“西黔阳”饭馆：何应钦的秘书赵某有自烹自品的嗜好，尤善烹鸡，一天他与友人在西黔阳聚会，乘兴做了一道鸡丁，众人品尝后均赞不绝口，从此成为一道名菜“赵先生鸡丁”。来今雨轩的高连元师傅自十三岁起便在西黔阳学徒，亲眼见到过赵先生烹制此菜，故得其真技。此菜选鲜嫩鸡脯切丁，外挂蛋清，温油滑过，配以马蹄丁；然后把干辣椒、鲜姜、大葱之丝煸出香味，鸡丁入锅后烹入糖醋汁，颠勺即成。此菜明汁立芡，香味扑鼻，食之鲜嫩爽口，咸、甜、酸、辣诸味协调。另一道菜干烧活鱼是高连元师傅在川、黔传统干烧技法基础上，经五十几年烹调实践，不断改进，提高的结晶。他在烹调时讲究河、海、鲜、陈之分，不但用刀有区别，收汁时明油也要掌握好时机，该店的干烧活鱼独具风味，不少食客慕名而来。

1965 年 4 月来今雨轩按行业归口管理，移交给北京市服务事业管理局，成为驻园单位，经营内容不变。1971 ～ 1972 年为便于统一进货、统一管理，各公园饮食服务业，陆续由北京市第一服务局交还北京市园林局服务公司管理。1985 年 1 月 1 日由园林局公园服务公司交中山公园管理处统一管理。1988 年建立队级编制，经理为孙大力，这一时期在经营特点和等级上亦有改变。1990 年来今雨轩饭庄迁至杏花村新地址。公园管理处统一调整商业网点，又将西茶点部和北侧的售货部调归来今雨轩饭庄。1991 年被北京市商业委员会评为“一级餐馆”。现拥有大餐厅两个、雅座七间（图 3.1–18），营业面积 750m²，可同时接待 500 人就餐。该店技术力量雄厚，拥有多名三级以上厨师、服务师。

多年来，来今雨轩还针对顾客来自国内五湖四海，

图 3.1–18 来今雨轩内景

口味千差万别的情况，采取了“兼收并蓄”、“协调各方”的做法。不仅能做著名的“鲁、苏、川、粤”四大菜系中的主要品种，有些还特意作了适当的“改良”。如四川的“麻婆豆腐”、“宫保鸡丁”等都又麻又辣，他们就降低麻辣度适当增加一点甜度，以适应一般顾客的口味。另外还有脆皮鱼、香酥鱼、炒鳝鱼丝、茄汁虾仁等都是这里的特色菜，还有软炸里脊、烧茄子等都以烹调精细而深受顾客喜爱。同时，他们还利用公园水域出产活鱼的条件引进各方风味鱼馔，为顾客提供“五柳鱼”、“清蒸活鱼”、“松鼠活鱼”等名肴。

小吃、面点方面比较有名的如冬菜包、豆沙包、银丝卷、千层糕、盆糕、烫面饺、春卷、葡萄羹、橙子羹、菠萝羹、四方斗、三鲜饺、豌豆黄、芸豆卷等等。其中，冬菜包据鲁迅 1924 年 4 月 6 日日记中记述：“经中央公园散步，买火腿包子 30 枚而归。” 这里说的火腿包子就是来今雨轩当年供应的风味小吃冬菜火腿肉包。这种肉包最早除有猪肉和川冬菜外还有少量火腿和玉兰片。包子外形高桩带摺、又白又暄，掰开鲜香扑鼻，吃起来咸甜适口。馅是炒过的熟馅，炒馅时加少许白糖，和面时，一斤面加一两白糖。南方客人特别喜欢吃这种包子，但许多北方人不太适应火腿味，后来就不再加火腿和玉兰片了。另一种名小吃豆沙包以煮熟后过箩、去皮的红小豆为馅，在猪油中翻炒加白糖，等馅晾凉后再包包子，将包子掰开，细腻的豆沙仿佛要往外流一样。

茶文化也是“来今雨轩”的特色之一。“来今雨轩”一直以其独特的风格来吸引喜好茶道的顾客。自 1915 年建立之时起，这里就是一个文化的聚集地。鲁迅、李大钊等知名人士常来这里品茶。为了吸引更多的饮茶爱好者，来今雨轩结合所处的皇家园林的环境，将茶馆办成一个富有艺术气息的高档休闲场所。乌龙茶、龙井茶是比较受客人喜爱的茶品，虽然在这里品茶价格不菲，但雅致的环境以及专业的茶艺服务是在家中品茶所不能比拟的。这里还不定期地举办各种沙龙活动，电视台也多次选择茶馆作为访谈节目的录制现场。

1981 年后，来今雨轩为适应旅游事业的发展，以总经理、特级厨师孙大力为主成立了以中国古典名著《红楼梦》小说中的饮食描述为依据的“红楼肴馔”研制小组，大胆开拓，组织研讨古典名著《红楼梦》中的饮食描述，请教专家，翻阅故宫档案，参考清人食单，博采明清宫廷、贵族之家的饮食精华，开展古为今用的探索，历经十年艰辛努力，整理出一批“红楼食谱”。又从选料、配料、调料到烹饪手法各方面进行研究，在国内率先推出反映 18 世纪封建贵族饮食风尚和具有清代饮食文化内涵的“红楼宴”。依照见于中国古典名著《红楼梦》中的贾府菜点，在来今雨轩有抱负的厨师潜心研制下，已经汇合成别具一格的“红楼宴席”，并以其别致的芳姿、独特的品味和夺目的异彩问诸世界，从而又为繁荣似锦的中国食苑增添一簇奇葩。红楼肴馔不仅反映了我国明末清初各阶层及民间的饮食风俗习惯，也体现了祖国传统医学、食疗营养作用及食物的药用价值。红楼肴馔在色、香、味、形、器、养、精、雅等方面更是堪称一绝，充分反映了我国传统烹饪技艺的精湛和高超。这里的肴馔养人，养精、气、神。总体而言，红楼宴佳肴有五个特点：首先是菜有典故，每一道菜的名目或是《红楼梦》中写到的内容，或是根据《红楼梦》故事情节创作出来的；第二是菜味融合，与江南苏州、南京、淮扬菜接近，兼具北方菜风格；第三是菜品选料精细、自然，菜的基调以清淡爽口、甜而不腻为宜，所用蔬菜应是农家肥培养的，调料中不能加味素等；第四是做工考究、造型美观、讲求色香味形皆有；第五是极富营养价值，滋补健身。此外，红楼宴华美的食具，同样让人回味无穷。

据说《红楼梦》里关于食品的描写有 186 种，还能细分为主食、点心、菜肴、饮料、调味品等等，现在这些吃的描写已经从书上落实在实际中了。“红楼宴”兼具南北菜肴风格，分“红楼大宴”、“红楼盛宴”、“红楼家宴”、“红楼生日宴”、“红楼季节宴”五种，肴馔品种 40 余种，备四时鲜品，兼山珍海味，具冷荤素碟，有热菜汤羹。融观赏、品尝、谈菜为一体，特别给人知识与美的享受。

原来，在老一代红学家中，也早有人对红楼菜做过尝试，著名红学家周汝昌、冯其庸等，都曾对曹雪芹描绘的菜点精心揣摩，并亲手烹制过几道红菜。把来今雨轩醉心于红菜的厨师与红学家们联系起来的媒介，是扬州商校教师陶文台的《红楼菜谱》；为年轻厨师和红学先生搭连“鹊桥”的是《红楼梦》业余研究者康承宗老师。按照红学家的指点，在尊重历史，务求本真，不失江宁特点，保留红菜风格的前提下，红楼菜谱陆续完善，以下举几例介绍：

图 3.1–19 雪底芹芽

被推为红楼菜之首的“雪底芹芽”（芹芽鸠肉脍）（图 3.1–19），蕴含着《红楼梦》撰著者曹雪芹名字的由来。《东坡八首之三》诗有句云：“泥芹有宿根，一寸嵯独在。雪菜何时动，春鸿行可脍”，诗人自注曰：“蜀人贵芹芽脍，杂鸠肉为之”。来今雨轩制作此菜，底为芹菜炒肉丝，以鸡蛋清衬底，象征瑞雪盖地，用冬天新发的芹菜嫩芽点缀于“雪”上，意为“雪芹”。积雪之中，翠绿点点，清淡俏丽，充满着生机和春意，从中也隐约闪烁着曹雪芹的情操和精神。

“笼蒸螃蟹”出自《红楼梦》第三十八回，史湘云、薛宝钗为“海棠诗社”第一次活动准备了“螃蟹宴”。并各自赋诗讽咏螃蟹。林黛玉一首咏蟹诗夺魁：“铁甲长戈死未亡，堆盘色相喜先尝。螯封嫩玉双双满，壳凸红脂块块香。多肉更怜卿八足，助情谁劝我千觞？对斟佳品酬佳节，桂拂清风菊带霜。”宴席后又赏菊花，反映了贵族之家的闲情雅兴。来今雨轩完全按《红楼梦》中描写的做法烹制这道菜，不加任何渲染和铺张，所用佐料，取“擂姜泼醋”法兑制而成，肉质鲜美，吃起来如临其境，雅趣横生。

“老蚌怀珠”传说是曹雪芹创制。据《废艺斋集稿》记，曹雪芹在世时，曾为招待穷朋友作了一道“老蚌怀珠”。原记载中主料为鲫鱼，制作时剖开鱼腹，分为两半，犹如蚌壳两面。研制中改用元鱼，主要因为元鱼营养价值高，同时也考虑到元鱼近似蚌壳的样子。鱼腹中藏有鹌鹑蛋即“明珠”，故称“老蚌怀珠”，味极鲜美，确是别出心裁之作。

“茄鲞”《红楼梦》第四十一回借王熙凤的嘴，将其烹饪法，讲得一清二楚：“你把才下来的茄子皮削了，只要净肉，切成碎丁子，用鸡油炸了，再用鸡脯子肉并香蕈、新笋、蘑菇、五香腐干、各色干果子，俱切成丁子，用鸡油煨干，将香油一收，外加糟油（酒糟调制的油）一拌，盛在瓷罐子里封严，要吃时拿出来，用炒的鸡脯子肉一拌就是。”弄得刘姥姥摇头吐舌：“我的佛祖！倒得十来只鸡来配它，怪道这个味儿。”这道菜非寻常人家见过吃过。“鲞”即是抛开晾干的鱼干，犹如“牛肉鲞”、“笋鲞”等，都是腌腊成干的片状物。“茄鲞”应是切成片状物的茄子干。用“茄子”作主料配以各色干果，营养极为丰富。成菜味道咸鲜，有浓郁的糟香，略带回甜，色泽光亮鲜艳。

“银耳鸽蛋”也与《红楼梦》四十回中的刘姥姥有关，在宴席中，王熙凤为讨好史太君，故意捉弄刘姥姥，让她拿筷子夹鸽子蛋吃，还说一个蛋一两银子。刘姥姥怎么夹也夹不起来，好容易夹起来刚要吃又掉到地上，引起哄堂大笑。来今雨轩的鸽子蛋与银耳一通烹制，银耳味甘性平，是传统的滋补品，鸽蛋也十分名贵，因鸽子每月只产一对蛋，鸽蛋便是席上珍品，能补肾益气。银耳与鸽蛋相配烧成菜则营养十分丰富，最适合老年人食用。

“腌胭脂鹅脯”，《红楼梦》中多次写食鹅，这道菜见于第六十二回厨房柳嫂讨好小戏子芳官，给她做了一顿上好的饭菜，其中有“胭脂鹅脯”。此乃一道冷荤菜肴。几经试制和反复推敲，先后放弃了以胭脂着色和加红曲生色的加工工艺，而采用了著名红学家朱家溍先生提出的“以盐腌使肉变红（即所谓胭脂色）”的意见。红菜技师依据江南肴肉的制作经验，少用盐而微加硝，不仅有“胭脂”的效果，而且增加了鲜味，避免了过咸。

“怡红祝寿”出自第六十三回“寿怡红群芳开夜宴”，说的是贾宝玉等人过生日。贾宝玉号“怡红公子”，此菜以红色的大对虾为主料寓“红”字，又以绿色鲜荷叶和雪白寿桃为映衬，色彩鲜艳。这是一道助兴的菜，借以祝福客人健康长寿，万事如意。

“鸡髓笋”见于《红楼梦》第五十八回，贾母吃晚饭时有丫鬟用两大捧盒捧了几色菜来，鸳鸯又指几样菜道：“这两样看不出是什么东西来，大老爷送来的，这一碗是鸡髓笋，是外头老爷送上来的。”一面说，一面就只将这碗笋送至桌上。贾母略尝了两点，便命：“将那两样着人送回去，就说我吃了，以后不必天天送，我想吃自然来要。”又指着桌上的菜说：“这一碗笋和这一盘风腌果子狸给颦儿宝玉两个吃去。”从文中可以看出，贾母在众多孝敬她的菜肴中仅品尝了鸡髓笋，而且还特意把这道菜送给林黛玉和贾宝玉吃，可见她对这道菜十分喜爱。鸡髓笋是用鸡骨髓加竹笋制成的。竹笋清脆爽口、滋味鲜美，自古就被视为菜中珍品。清代文人李渔甚至将竹笋誉为“素食第一品”，咸、鲜、脆、嫩、爽口、颜色黄白，在《红楼梦》中堪称上档佳肴。来今雨轩制作此菜选用有滋阴清热、补益肝肾的乌鸡骨髓，配以春笋尖，不独风味别具，也有营养及滋补效用。

红楼肴馔先后于 1983 年和 1987 年两次经烹饪界、美食界、红学界和新闻界的专家和学者品尝、鉴定，荣获北京饮食行业科技进步奖。得到一致赞誉和肯定。1987 年 12 月来今雨轩饭庄经北京市饮食服务总公司批准由二级餐馆升为一级餐馆。1991 年 7 月 16 日，“首届中国国际饮食文化研讨会”在北京举行，来今雨轩饭庄受大会委托，举办有海外代表 200 余人参加的大型“红楼宴”。1992 年 8 月 27 日受人民大会堂管理局委托，为参加第十五届世界名厨大会的各国厨师们举办大型“红楼宴”，两次大会均受到国内外人士的好评和赞扬。世界名厨秘书长对“红楼宴”给予高度评价，称：“这席‘红楼宴’是他在大会期间品尝到的具有中国传统特色，最令人愉快的宴席之一。”1994 年 4 月 8 日，法国总理巴拉迪尔来华访问，外交部将巴拉迪尔的第一餐安排在来今雨轩饭庄。巴拉迪尔总理用餐后对饭菜、服务质量和接待工作非常满意，并给予了较高评价。

1992 年红楼小吃“枣泥山药糕”、“蟹肉雪饺”、“咖喱饺”和饭庄传统面点“冬菜肉包”被北京市饮食服务总公司评为——百家餐馆、千种风味小吃大联展最佳品种奖。1997 年在首届《北京名菜名点》鉴定展示会上“茄鲞”被定为名菜，“冬菜肉包”、“枣泥山药糕”被定为名点。2000 年红楼菜“茄鲞”被国家国内贸易局定为中国名菜（有牌匾无证书）。2002 年来今雨轩饭庄被中国烹饪协会评为“全国绿色饮食企业”。2002 年经中国烹饪协会审定，授予“中华饮食名店”。2003 年被全国酒家酒店评定委员会评为“国家一级酒家”。2005 年被商务部重新认定为“中华老字号”。2006 年被北京市商务局评为“中国风味特色餐厅”。

红楼宴是对传统饮食文化的传承与创新，它的推出给我们发展传统饮食文化许多宝贵的经验和启示。既不脱离《红楼梦》的内容又满足了现代消费者的饮食需要。既有外形上的美感又有实质上的美味，并兼顾营养。《红楼梦》中不论家宴、小聚、还是大型盛宴，无不与作诗联句、看戏、听曲、猜谜联在一起，从而体现了高雅的文化娱乐。以文字将文化寓于“吃”中是小说家的智慧，而将之变为真正的美食，则是饮食家的才干。

3.1.3 北海御膳饭庄

原址为乾隆年间修建的御膳堂。御膳堂始建于清乾隆年间，位于北海太液池北岸（今北海公园北岸），依山傍水，往北即九龙壁，占地面积 2052m^2，建筑面积 379.87m^2（图 3.1–20）。该处原分东西两个院落，东院有北房三间，西房二间；西院有南房和北房各五间，西房二间。因为这个院子西边有浴兰轩，阐福寺，清代帝、后到阐福寺拈香前，先到浴兰轩内休息、沐浴、更衣。也有时拈香后在浴兰轩用膳，这里曾是烹制御膳的膳房。

1925 年北海公园开放后御膳堂租给商人赵仁斋经营，名为“仿膳茶点社”，对外经营宫廷菜点。次年，商人呈报北海公园事务所批准，在前客厅院（东院）建铅铁棚一座。尔后，又在西院添建铅铁棚，在西院后边添建厨房。

图 3.1–20　北海御膳堂外景照片

1954 年商人呈请歇业。1955 年为了挖掘传统风味，北海公园管理处在此原址筹建“仿膳饭庄”。特请来原在清宫御膳房工作过的孙绍然、温宝田、王玉山、牛文质等几位老师傅。经他们的努力使昔日只有帝王才能享受的清宫冷热点豌豆黄、芸豆卷、小点心、肉末烧饼及各种菜肴宫廷食品同广大国内外游客见了面。1959 年因房屋狭小破旧不能适应招待外宾要求，仿膳饭庄迁至漪澜堂、道宁斋。原址改为大众餐厅，一直经营到 1971 年北海公园闭园。1973 年，因房屋破旧，房间狭窄，拆除旧房及天棚基址，翻建成“工”字形建筑，前边九开间为餐厅，中间为主食、菜肴厨房，后连九间为锅炉房、管理房、仓库、冷库、卫生间及休息室等。东边还建有塑料大棚一座。

1978 年北海公园重新开放，改称“北海餐厅”。由于业务量大，厨房和冷库都不敷应用，于 1980 年扩建厨房，添建冷库。1985 年接通下水道，将原来流入湖内的污水，改为排到公园外的市政下水道内，1986 年接通管道煤气，撤消液化石油气大罐。至此，只剩下生产和采暖的锅炉使用煤炭。

1988 年添建西院西房。1990 年全面翻建，拆除原快餐厅大棚，建南餐厅、东餐厅、冷库及上下水改线。翻建面积为 429.64m^2，投资 53 万元。

改建后改名“御膳饭庄”。御膳饭庄目前已初具规模，技术力量雄厚，经营烤鸭及满族风味的烧烤并承办“满汉全席”等中高档宫廷宴席。御膳堂已风风雨雨经历了两百多年的历史，昔日帝王所书匾额已荡然无存。目前御膳堂三个大字及其楹联是由爱新觉罗·溥杰先生于 1990 年所书。1991 年饭庄周围环境也做了改善，补植树木草坪，改造堆叠假山石。1992 年经北京市饮食服务总公司批准，御膳饭庄晋升为一级餐馆。

御膳饭庄技术力量雄厚，现有 7 名得御厨真传的厨师。就餐环境典雅优美，并有身着宫廷服饰的服务员（图 3.1–21）为您服务。对外备有零点、套餐、烤鸭及满族风味的烧烤并承办中高档宫廷宴席和著名的“满汉全席”（图 3.1–22）。

图 3.1–21　身着宫廷服装的服务人员

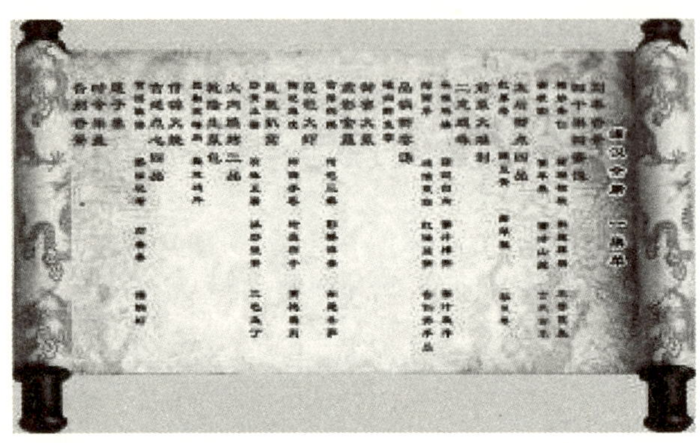

图 3.1–22 “满汉全席”膳单

3.1.4 北海仿膳饭庄

北海仿膳饭庄创立于 1925 年，至今已有 70 多年的历史。1911 年辛亥革命爆发后，推翻了满清王朝的统治。1924 年末代皇帝也被冯玉祥的国民军逐出宫外，原清宫“御膳房”的御厨随之失业，散居民间。1925 年北海公园开放时，原在御膳房菜库差官赵仁斋、赵炳南父子俩为谋求生计，联合原清宫御膳房的孙绍然，赵承寿等几位御厨，在北海公园北岸的五龙亭东侧的五间大棚内办起了一个茶社。他们仿照清宫御膳房的烹调技艺，制作出各种样式的清宫糕点、小吃及风味菜肴，并将茶社取名为“仿膳”。仿膳茶庄在当时经营宫廷风味是独一无二的，很快就出了名。1955 年“仿膳茶社”由私有改为国营，在政府的重视下召回了原清宫御厨房掌灶的厨师“抓炒王”——王玉山。后来，又聘请了著名的御厨牛文质、杨青山、温宝田和潘文赏。他们各有各的绝活。王玉山的“四大抓”、“抓炒鱼片”、“抓炒里脊”、“抓炒猪腰”、“抓炒大虾”曾在宫里是很有名气。牛文质擅长制作豌豆黄、芸豆卷等精细御点。杨青山、温宝田专做热点心，像马蹄烧饼、千层糕、小窝头是最拿手的。潘文赏擅长灶上烹调，蒸、扒、烧、炒、煮、炸样样细腻。1956 年仿膳茶社正式更名为“仿膳饭庄”，老舍先生为仿膳题写匾额。从此仿膳规模进一步扩大，正式恢复了“宫廷”风味，人民也吃上了过去只能是封建皇帝独享的菜肴和点心。1959 年在周恩来总理的提议下，仿膳饭庄从北海太液池北岸迁至南岸琼岛的“漪澜堂”、“道宁斋”、“晴栏花韵”一组古老建筑内（图 3.1–23）。这里是乾隆皇帝赐宴文臣之所，依山傍水、游廊环抱、风景秀丽。“文革”期间，北海公园停止对外开放，仿膳除接待中央首长和一些外事任务外，停止对外营业。1978 年随着北海公园重新开放，仿膳恢复了对外营业。在此期间，便由王景春名厨主理厨政。他是一位在宫廷菜的制作上造诣很深的名技师。早年随名噪一时的清宫御厨孙绍然学艺，后又受王玉山等几位宫廷厨师的熏陶，不但烹饪技艺高超，而且深晓宫廷菜的来龙去脉，掌故轶闻。成为我国饮食行业中屈指可数的名厨之一。老技师王景春故去后，由他的弟子董世国、点心师张占华承担重任。他们都曾受过御膳名厨的真传，技术全面，功底深厚，

图 3.1–23　仿膳外景照片

不仅在传统的宫廷菜点上有高超的烹饪技术，而且在发掘创新方面也有新的建树，可称得上较前人更胜一筹。

改革开放以来，仿膳饭庄的经济效益和社会效益连续十几年大幅度增长，几项主要经济指标在全市同行业中居领先水平。近年来，仿膳饭庄先后荣获国家二级企业、市级先进企业称号，荣获国家、国内贸易部、北京市“质量管理奖”，荣获首都旅游“紫禁杯”最佳企业称号。企业在国内外的知名度也不断提高，饭庄17次选派代表团赴美、日、英、荷兰、瑞典、意大利、新加坡、马来西亚、香港等国家和地区进行技术表演，均获圆满成功。日本西尾忠久先生在其所著《世界的名店》一书中介绍了世界80家名店，其中就有我国的“仿膳饭庄”和“荣宝斋”。他写到：“在北京，北海公园的仿膳饭庄，可以说是清朝宫廷风味的再现。”

图 3.1–24　仿膳内部环境

仿膳饭庄由三个庭院组成。共有大小餐厅15间，餐位500个。厅内装饰均以龙凤为主题，饰以大型彩绘宫灯、配以明黄色的台布、餐巾、椅套，餐具采用标有“万寿无疆”字样的仿清宫瓷器或银器，陈设古朴典雅，宫廷特色浓郁（图 3.1–24）。

仿膳饭庄妙就妙在一个“仿”字上，它既保持了清王宫膳食的用料考究、制作精细、形象美观、口味清淡、注重营养，又去芜存精，加以改良，去其奢华，不失精粹。当代的仿膳不仅仿照御膳房的做法，保持原本的品种，而且在过去的一百零八种菜、点的基础上，又发展到八百余种，它的内容愈来愈丰富，形式愈来愈完善。仿膳制作的小吃（图 3.1–25）如栗子糕、豌豆黄各种油粘、蜜饯以及包子、饺子、一品烧饼、小窝头之类精美洁净，非比寻常，不愧为“天厨制品。”这些小吃用料考究、做工精细，以豌豆黄为例，豌豆一定要用京东四眼井的白豌豆，制作时先将豌豆煮烂、晒干、磨粉，然后再用“马尾罗”筛，还要经过炒泥、冷却、切块等多道工序制成的豌豆黄颜色金黄、块形小巧、香甜细腻、入口即化，这才能称为“上品”。此品历史悠久早在明代的小说中已见其名，到了清代就已是宫廷中的甜食之一了。前人曾有诗曰：“从来食物数燕京，豌豆黄儿久著名。红枣都嵌金屑里，十文一块买黄琼。”又如肉末烧饼制作也颇为独特。烧饼要用炭火来烤，烤成后黄白分明，外酥里软。肉末则需煸炒得不腥不咸不腻，香嫩可口。相传一天夜里慈禧皇太后做了一个吃烧饼的梦，第二天早膳时果然端上了肉末烧饼，慈禧特别高兴，问是谁做的烧饼，圆了她头天晚上的梦。太监赶忙回太后是御膳房的赵永寿，慈禧立即宣赵永寿来见，赏给他一支花翎和纹银二十两，从此赵永寿的肉末烧饼在宫内传开，并成为御品。

在经营茶点的同时仿膳茶庄还恢复了一些宫中的传统炒菜，御膳房的著名菜点及烹饪技术被完好地保存了下来。如“四抓”、“四酱”、“四酥”和黄焖豆腐、栗子扒白菜等等。其中“四抓”是指抓炒腰花、抓炒里脊、抓炒鱼片、抓炒大虾，这是被慈禧封为“抓炒王”王玉山的拿手菜。“四酱”则是“炒黄瓜酱”、“炒胡萝卜酱”、“炒棒子酱”、“炒

图 3.1–25　仿膳御点

豌豆酱”。“四酥”指的是酥鱼、酥肉、酥鸡、酥海带。很多到仿膳品尝过的客人都交口称赞仿膳饭庄的菜肴比过去仿膳茶庄丰富了许多。这“四抓”、“四酥”等过去深藏御膳房中，公之于世后形成了与众多菜系迥然不同的仿膳风味，这也是值得珍惜的饮食历史文化遗产。“四大抓”的做法是先炸后炒。入锅前，都要先将原料加上调味料，再用湿淀粉上浆，以手将其抓匀。抓炒鱼片的口味近似于糖醋味型，但又不给人以浓厚的甜酸感觉，仅仅是略有甜酸味，主味还是咸鲜，据说这个菜与慈禧太后有点关系。有一天，慈禧太后吃饭，在面前的许多菜中单单挑中了一盘油黄光泽，鲜嫩软滑的炒鱼片，她吃了后觉得不错，于是叫人把御膳房制作此菜的厨师王玉山叫到跟前，让这位厨师日后再做几样抓炒菜给她享用。后来，王师傅又先后做出了抓炒里脊、腰花、虾仁、最终凑成“四大抓”，而王师傅也因此被人们称为“抓炒王”。炒榛子酱这款菜也是有来历的，与其他三个炒一样，也是加了黄酱和酱油炒成的宫廷小菜。据说是清朝初期，满族人进军中原，战事频繁，兵士们往往来不及搭锅做饭，便把肉放到火上烧熟，再切成丁放碗内，把可以找到的蔬菜切碎了放进去，用黄酱拌好便食用。清朝建立后，一些满族人依然喜食这样的菜。清宫御膳房厨师将此菜改拌为炒后，味道更是鲜美，以后一直成为清宫里的日常菜流传下来。炒榛子酱吃到嘴里，肉嫩酱香，还能感觉到榛子的酥脆。

仿膳最著名的菜肴当属“满汉全席”。对于“满汉全席”的介绍说法众多。著名饮食文化研究专家熊四智介绍说，满汉席是满汉两族风味肴馔兼用的盛大筵席，因其规模盛大，程序繁杂．用料珍贵，菜点繁多，满汉食兼有，又称满汉全席、满汉大席、烧烤席，是中国古代烹饪文化的一项宝贵遗产。清初时多为满席，康熙二十二年改满席为汉席，宫中出现满汉席并用的局面。乾隆年间，市肆上始有满汉合一的席面，多用于上司入境或新亲上门。乾隆下江南时，随从百官驻地扬州买卖街，《扬州画舫录 · 新城北路》中记录了买卖街厨房准备的满汉全席的菜单，可供参考：“上买卖街前后寺观皆为大厨房，以备六司百官食次。第一分头号五簋碗十件：燕窝鸡丝汤、海参汇猪筋、鲜蛏萝卜丝羹、海带猪肚丝羹、鲍鱼汇珍珠菜、淡菜虾子汤、鱼翅螃蟹羹、蘑菇煨鸡、辘轳锤、鱼肚煨火腿、鲨鱼皮鸡汁羹、血粉汤、一品级汤饭碗；第二分二号五簋碗十件：鲫鱼舌汇熊掌、米糟猩唇猪脑、假豹胎、蒸驼峰，梨片伴蒸果子狸、蒸鹿尾、野鸡片汤、风猪片子、风羊片子、兔脯、奶房签、一品级汤饭碗；第三分细白羹碗十件：猪肚假江瑶鸭舌羹、鸡笋粥、猪脑羹、芙蓉蛋、鹅肫掌羹、糟蒸鲥鱼、假班鱼肝、西施乳、文思豆腐羹、甲鱼肉片子汤、茧儿羹、一品级汤饭碗；第四分毛血盘二十件：炙哈尔巴小猪子、油炸猪羊肉、挂炉走油鸡鹅鸭、鸽豸霍、猪杂什、羊杂什、燎毛猪羊肉、白煮羊肉、白蒸小猪子小羊子鸡鸭鹅、白面饽饽卷子、什锦火烧、梅花包子；第五分洋碟二十件，热吃劝酒二十味，小菜碟二十件，枯果十彻桌，鲜果十彻桌，所谓'满汉席'也。"

到清末满汉席日益奢华，且风靡一时。各地也因京官赴任，使满汉席格局广为流传，并逐渐融合了一些当地的风味菜肴而成为各具特色的满汉席，具有代表性的有北京、山东、江苏、四川、广东等地。因此满汉席只有通行的格局，没有全国通用的食单，在不同时期、不同地区、不同场合，其规格程式、菜肴品种与数量都有所不同。满汉席在用料上，多取食山珍海味：如燕窝、鱼翅、海参、鱼肚、鲍鱼、鲥鱼、驼峰、鹿筋、熊掌等水陆八珍。满汉席形成了程式繁、礼仪重、规格高、菜品多、排场大、席套席独有特色。如菜品分高装、四大件、八大件、十六碗、四红、四白、烧烤点心、随饭碗、随饭碟、面饭等种类。由于菜肴多，一般一餐不可能吃完，一般要分全日即为午、晚、夜三餐，也有分两个晚餐吃的，还有分三天三次吃完的。席套席，每个小席都有名菜领衔。由于流传多年的满汉全席没有全国通用的食单，清宫也没有详细的食单记载，形成了在不同时期、不同地区、不同场合，其规格程式、菜肴品种与数量有所不同。1978 年，一个日本访华团来京，北京仿膳饭庄接受了日本团吃整套满汉全席的制作任务。由北海厨师王景春、董世国等掌勺。这次满汉全席共开了三天五顿餐，每人 3000 元标准，一套共 12 万元。这是北海厨师第一次制作出一整套满汉全席，自此形成了一套完整的满汉全席食单，满汉全席也逐渐在全国火了起来。仿膳的满汉全席选用山八珍、海八珍、禽八珍、草八珍等名贵材料，采用满人烧烤与汉人炖焖煮炸等技法，包括多道热菜、多道冷荤以及各种点心、水果，正所谓“御馔珍馐”，汇满汉南北口味之精粹，丰富多彩，蔚为大观。完整的满汉全席需分 4 ~ 6 餐食完。为满足不同客人的需要，饭庄又推出“满汉全席精选”餐式，客人食一餐便可略领满汉全席之精华。

图 3.1–26　燕尾桃花虾（上）
图 3.1–27　一品豆腐（中）
图 3.1–28　海红鱼翅（下）

仿膳的菜肴制作精细、味道鲜美、色泽鲜艳、菜形美观，特别注重成品的色、香、味、形。比如“荷花莲蓬鸡”这道菜制作过程竟需要十几道工序，制成之后还要在精美的盘子中间放上一朵娇艳鲜丽的荷花，周围由十个用鸡肉做成的小莲蓬簇拥着，俨然就是一件绝妙的艺术珍品，令人赞不绝口。另外仿膳的“罗汉大虾”、“怀胎桂鱼”、“凤凰趴窝”、“蛤蟆鲍鱼”、“凤尾鱼翅”、“金蟾玉鲍”、“一品官燕”、“油攒大虾”、“宫门献鱼”、“溜鸡脯”等也别具特色。不仅味道佳美，而且将色彩、形状有机地结合了起来。

仿膳饭庄在几十年的经营中，为了确保传统菜点的质量特色，坚持按传统质量标准作菜点，如肉末烧饼、豌豆黄、芸豆卷等，一直坚持手工操作，保持了传统特色与口味。为了不断挖掘开发宫廷名菜，仿膳多次前往故宫博物院，在浩繁的清宫御膳档案中整理出乾隆、光绪年间的数百种菜肴，并据此研制出“燕尾桃花虾”（图 3.1–26）、“一品豆腐”（图 3.1–27）、“海红鱼翅”（图 3.1–28）、“金鱼鸭掌”等菜肴。今日仿膳，特别是十一届三中全会后，得到了进一步的发展，走出北海，面向全国，步入世界，开分店，去表演，增

图 3.1–29　周恩来在仿膳（左）
图 3.1.30　基辛格在仿膳（右）

加可见度，提高知名度，成功地赴英国、美国、荷兰、新加坡、香港等地进行清宫宴表演，成为传播中国饮食文化的使者，得到国家领导人的高度评价，受到中外宾客的赞誉（图 3.1–29、图 3.1–30）。

3.1.5　北海公园双虹榭饭庄

北海公园白塔山南麓有两座石桥，一名金鳌玉蝀桥，一名永安桥。永安桥西畔有一水榭，在榭中凭窗倚望，两桥可收入一棂之中，故名之双虹榭。双虹榭取意源于李白“两水夹明镜，双桥落彩虹”的佳句。金鳌玉蝀桥是北海和中南海的界桥，永安桥连接着琼华岛和北海南岸，颇具李白的诗意。

双虹榭（图 3.1–31）是个具有饭馆、酒馆、茶馆性质的综合性饭庄，但来客之意不在饭，不在酒，多在茶。夏日时节，永安桥畔荷花盛开，在双虹榭茶棚之下品茗，荷香缕缕沁人心脾。“双桥卧波，水中虹影悠悠”。水中游鱼、水面上的游船、天空中的雨燕，浑然成一体，是画境、是诗境、是人境?

北海公园的南门距北京大学（沙滩红楼）不足二里，故双虹榭是北大师生经常涉足之所。夏日临湖品茗，一杯清茶，一席长谈，一番争论，悟出了真谛，悟出了人生，是漫漫征途，亦是美丽的虹影。

双虹榭一度租给“肯德基”，经美式装修之后，和周围的景观极不和谐，从茶文化的角度来讲，不能说不是一件憾事。双虹榭旧址现悬“行膳”匾额，妄度之，行膳者，行宫之膳也，从茶文化的角度来讲，多了几分金玉之气，亦不能说不是一件憾事。

图 3.1–31　双虹榭饭庄

3.1.6　香山松林餐厅

松林餐厅以山东菜、清宫面点为主菜系，正如它的名字那样，四周青松环抱，是公园内一处很好的餐厅（图 3.1–32）。1961 年香山公园为解决游人就餐问题，在眼镜湖东侧利用香山慈幼院“铁工厂”旧房加以改造，开设了第一个对外营业的食堂——香山大众食堂，管理员（经理）由田树春担任。1964 年香山大众食堂归属于北京市服务事业管理局，之后，增加了管理员和厨师，炒菜以山东味为主。在“文化大革命”期间又招收了大量青年徒工，随着管理的加强，技术水平和经济效益均有提高。1969 年，为了适应“备战”的形势需要和加强公园管理的规划要求，在大众食堂东侧修建了一条 100m 长的大墙将顾客通向大众食堂的交通要道拦腰截断，食堂营业收入骤然下降，面临倒闭的危险。

1970 年为了更好地为游人服务，1970 年春天大众食堂迁到了玉华山庄三岔口东侧，这里原来是周学熙（光绪年间举人，民国时期北方财政实业界著名代表）的私人住宅，叫“松云别墅”。全体职工利用别墅旧房，稍加修整，及时向游人开放。营业面积虽不大，

图 3.1–32　香山松林餐厅（上）
图 3.1–33　香山松林餐厅内景（中）
图 3.1–34　香山蒙养园（下）

但周围苍松古柏秀丽多姿，道路四通八达，为游人观景、散步、乘凉和就餐提供了良好的场所。

大众食堂走出困境，迁入新址，为表达职工对“新”的追求，餐厅取名为“立新食堂”，1971 年立新食堂由服务局移交给二商局。1972 年中国实行乒乓外交政策，迎来了五湖四海的旅游者，为满足中外游人的需要，餐厅必须扩大营业面积。在资金紧、人员少的情况下，全体干部职工本着“艰苦奋斗”、“勤俭办店”的精神，上山搬石头、捡旧砖，用自己的双手建立起一座 200m^2 的餐厅，因餐厅建在“松云别墅”的院内，故命名为“松林餐厅”，请著名书法家李铎挥笔写就，匾刻贴金悬于餐厅门额。

在这座朴实无华的餐厅里（图 3.1–33），还设立了仅有四张八仙桌的“雅座”，供应高档菜肴。成千上万的中外宾客到这里就餐，高兴而来满意而去。一些顾客对餐厅周到的服务非常感激，写下“满园春风”、“不是亲人胜似亲人”等留言。有的外宾用餐迟迟不想离去，对服务员说：“请再做一份，我们带回去给家里人尝尝”。几位日本外宾就餐尝到餐厅自制的“三不沾”赞道：“真好，我们在国宴上都没吃过这样好吃的菜。”

1979 年，二商局将松林餐厅移交给北京市园林局。在园林局的直接领导和关怀下，1983 年投资修建了一座 1500m^2 的新餐厅，坐落在香山蒙养园（图 3.1–34）南侧。餐厅建筑掩映在苍松翠柏之中更显得古朴典雅，顾客凭窗眺望，映入眼帘中俊美多姿的青松使人感到置身松林之中，餐厅显得更加名副其实。新建的松林餐厅分大小二厅，大厅经营零散便餐，小厅经营包桌酒席。1988 年晋升为二级餐厅。餐厅的技术实力较强，由老中青组成。已故厨师张祖发，早年出师于同和居饭庄，在继承和发展山东菜上有独创，别具匠心，为弟子仰慕，颇受顾客欢迎。

特级厨师于旺增早年专攻面点，后又求师于丰泽园烹调专业，擅长清宫仿膳面点，抻面技艺纯熟，在龙须面、空心面的制作上令人拍手叫绝，在同行中享有盛誉。

松林餐厅在经营服务中把为人民服务作为根本宗旨，用“创三优”激励职工，本着质量取胜、信誉第一的精神，赢得了较好的经济效益和社会效益。为进一步提高炒菜质量，又多次请丰泽园特级厨师广南师傅讲学传艺，并丰富了山东菜的经营品种，使菜的色香味形更加纯正。

松林餐厅经营的芫爆里脊、葱爆鱿鱼、葱烧海参、糟溜鱼片、滑溜里脊、酥炸鱼条、炸五丝筒、荷包里脊、酸辣乌鱼蛋汤等早已成为宾客们争相品尝的佳肴。1989 年新增加了挂炉烤鸭也成了中外游人大饱口福的抢手货，1990 年后松林餐厅不断改进菜食品种，丰富餐桌。特别是松林餐厅的传统食品豆沙包，由于选料精良，制作技艺严格，其质量几十年不走样，成为人们喜庆家宴，馈赠亲友，物美价廉的紧俏食品。

其中，糟溜鱼片据说与明朝嘉靖皇帝有关，当年嘉靖皇帝为爱妃准备生日宴，下诏招聘厨艺界高手来置办宴席。许多宫廷御厨在试厨时即被淘汰。寿诞将至，厨师仍无人选，皇帝心急如焚。兵部尚书郭宗皋当时正奉命在山东老家福山省亲，家中的两名厨师在当地很有名气。为解皇帝燃眉之急，郭宗皋把这二人推荐给皇帝，试做了两个菜，皇帝品尝后很是高兴，就决定由郭松皋的家厨来置办寿宴。寿宴当天，前来祝寿的文武百官对一道菜十分感兴趣，一端上来就被一抢而空。嘉靖皇帝好奇地问郭宗皋此菜的名字，郭宗皋答道：“这菜叫糟溜鱼片。”嘉靖皇帝当场命厨师重新烹饪了一盘，食后仍觉回味无穷。事后，嘉靖皇帝嘉奖了郭宗皋，还重赏了厨师，并让两位厨师进宫制作御膳。山东厨师从此成为宫廷御厨，“糟溜鱼片”也因此扬名天下。荷包里脊为清宫御膳房所创制。在清代，王公大臣皆随身佩带用金黄锦缎做成的小囊，名曰“荷包”，用以装钱装物或作为衣外的装饰物。上面用金丝花线绣有花鸟虫鱼图案，形象美观，色彩鲜艳。御膳厨师便模拟荷包的样子，创制了此菜，后成为宫中名馔。仿膳饭庄老一代名师王景春及其弟子、全国优秀厨师董世国均擅长制作此菜，保留至今。

除了以上菜肴，松林餐厅新推出的三班九老宴也很有名。三班九老宴是乾隆皇帝为庆祝生母崇庆皇太后生日而举办的宴会。从在朝的文、武官员及退休官员中各选出九位七十岁以上德高望重的老臣，组成三班，故称“三班九老”。由乾隆皇帝亲自下诏邀请他们赴宴，席间还可游赏、赋诗、作画。对于臣子而言受到皇帝如此礼遇恩赏是莫大的荣幸，三班九老宴也是乾隆朝庆寿活动中的一大盛会。

香山历史悠久，风景秀美，是北京西郊著名的皇家御苑。乾隆帝十分喜爱这里，曾于乾隆十年（1745 年）主持建成香山“二十八景”，将其命名为“静宜园”，并在一生中数十次游幸此地，作诗 1300 余首。于是，这“三班九老宴”的地点也就定在了香山。此宴会并非乾隆皇帝初创，而是效法唐、宋的“九老会”和“耆英会”。唐、宋时期参加者仅七至九人，而乾隆朝“三班九老宴”的排场可要大得多。

乾隆二十六年（1761 年）、三十六年（1771 年），也就是崇庆皇太后七十岁、八十岁生日时，曾两度在香山举办“三班九老宴”。第一次宴会，参加的文职九老平均年龄 75 岁，有 77 岁的履亲王、71 岁的显亲王、82 岁的大学士来保、81 岁的大学士史贻直、76 岁的吏部尚书付森、71 岁的工部尚书归宣光、71 岁的吏部侍郎勒尔森、75 岁的礼部侍郎何国宗、73 岁的左副都统御史张开泰；武职九老平均年龄 80 岁，有 77 岁的内大臣博尔本察、72 岁的将军清保、76 岁的护军统领保平、77 岁的散秩大臣葛尔锡、73 岁的散秩大臣巴海、84 岁的古北口提督吴进义、81 岁的副都统职衔班第、92 岁的副都统职衔黑色、90 岁的副都统职衔集成；致仕（退休）文职九老平均年龄 78 岁，他们是 89 岁的礼部侍郎加尚书衔沈德潜、78 岁的左都御史吴拜、84 岁的左都御史木和林、74 岁的吏部侍郎德龄、76 岁的刑部侍郎钱陈群、82 岁的工部侍郎范灿、76 岁的内阁学士邹一桂、75 岁的副都统李世倬、70 岁的三品职衔多仑。这 27 人的年龄总合为 2103 岁。

第二次宴会文职九老为显亲王衍潢、恒亲王弘晊、大学士刘统勲、协办大学士刑部尚书官保、吏部尚书托庸、刑部尚书杨廷璋、理藩院尚书素尔讷、刑部侍郎吴绍诗、工部侍郎三和，九人年龄合计 688 岁；武职九老为都统四格、都统曹瑞、散秩大臣国多欢、散秩大臣衔甘都、副都统伊松阿、副都统萨哈岱、副都统李生辉、副都统福僧阿、副都统色瑞察，九人年龄合计 685 岁；致仕九老为刑部尚书衔钱陈群、内大臣福禄、礼部尚书陈德华、兵部侍郎彭启丰、礼部侍郎衔邹一桂、左副都御史吕熾、内阁大学士陆宗楷、詹事府詹事陈浩、国子监司业衔王世芳，九人年龄合计 729 岁。

参加宴会者中不仅有亲王还有大学士、尚书等高官，这些都是唐、宋时代的九老会无法比拟的。乾隆皇帝见此隆重场面大为感慨，多次赋诗，并令画师艾启蒙绘画留念。

香山松林餐厅的"三班九老宴"即保持继承了中国宫廷宴席的健康、保健的传统，又试制出一些款式新颖，营养丰富，适合现代人口味的菜品。"三班九老宴"具有通督脉，补脾胃，益气养颜，强筋壮骨的功效，非常适合老年人食用，可称为延年益寿之佳品，是为老年人祝寿的一道盛宴。

3.1.7 动物园豳风餐厅

豳风餐厅原为清末豳风堂（图 3.1–35），位于北京动物园中心游览区，南临涟漪环岛的水禽湖，东接怪石嶙峋的叠山，西傍迂回曲折的长廊。豳风堂分北楼、东楼、散客区三部分，总面积 800m²。北楼 200m²，内有 6 个包间，可容 70 人。东楼 300m²，设 5 个包间，可容 110 人。散客区 300m²，可容纳 160 人。年均接待顾客 5.97 万人。

豳风堂于光绪三十四年（公元 1908 年）建成，至今已有 90 多年的历史。"豳风"堂上匾额"豳风"二字出自乾隆皇帝御笔。取自《诗经 · 豳风》，其中有《七月》一首，描写全年各月的农事劳动，歌颂农业生产丰收景象。据说此诗是周公赞述西周王室祖先公刘在豳（今陕西旬邑）立国时发展农业事迹的作品。当代著名文学家余

图 3.1–35　动物园豳风堂

冠英先生批注："（豳风）此诗叙述农人全年劳动，绝大部分的劳动是为公家的，小部分是为自己的。"因此，此诗也反映了劳动人民的辛苦。光绪时建豳风堂以此二字名之，即为体现"民以食为天，国以农为本"之意。

豳风堂是农事实验场入场从东侧游览必经之路，也是场内东北侧惟一的一处茶社。光绪三十四年时，茶资每人铜子 6 枚。每桌铜子 40 枚，可坐 8 人。男座、女座分开。初建时为五大间嵌有冰梅玻璃窗的房屋，廊上、院内，都设有茶座。院外沿荷花池旁设茶座。在此品茶观荷，风景绝佳。慈禧、光绪曾来此观稼、游览。1914 年豳风堂举办"农林展览会"，展览农林作物种类繁多，并设有讲解员分班演讲，宗旨大概是劝告农民务农为重，提倡农业发展等。1929 年农事试验场（动物园前身）更名"天然博物馆"，此时豳风堂变为供游人休息、饮食之处。"系招商包租，设有茶座，茶资大洋一角，中外糕点及各食品另有价目，游人多在此休息。"1946 年着手重新开放时，又招商承租，仍为茶点馆。

建国后，动物园在人民政府关怀下对园林进行了大规模投资建设，豳风堂也修葺一新，于 1952 年正式开业，定名“大众食堂”，作为营业餐厅已初具规模。在室内摆放餐桌，可同时容纳 10 人就餐。在游园旺季时，还在堂前搭起临时大棚，大棚中也有桌椅。此时供应快餐，以满足更多游人需要。

至 1970 年代中期，大众食堂变化不大，其营业面积 200m^2，主要经营米饭、炒菜。随着游人用餐量增加，1976 年增建 300m^2 东大厅，同时，将大众食堂改为“宾丰餐厅”，“宾丰”二字取“豳风”谐音，含宾客满堂之意。

改革开放后，豳风堂又有了新的发展。1982 年 12 月，在原老厅后身修建 210m^2 的二层小楼，营业面积增至 700m^2，并设置雅座单间，可招待外宾，亦可举办小型宴会。1983 年 10 月，恢复“豳风堂餐厅”名称。1987 年，又将东大厅翻建为 600m^2 的新型营业厅，风格古朴典雅，别致清新。1988 年被北京市饮食服务行业定为一级餐厅和旅游定点餐厅（图 3.1–36）。1990 年，餐厅营业面积扩大至 1500m^2，可同时容纳 500 人

图 3.1–36　雪后豳风堂

图 3.1–37　孔雀开屏

就餐。设有单桌、双桌的小型和中型宴会厅，以及能容纳 20 桌的大宴会厅。现在的豳风餐厅设有雅座单间，KTV 包房，经营川、鲁、苏特色菜、冷、热饮、快餐食品等。有特级、一级厨师数名，在历届北京市烹饪比赛中，所烹饪的“干煸牛肉丝”、“红烧鹿肉”及冷拼“孔雀开屏”（图 3.1–37）等特色菜多次获得一等奖。豳风餐厅烹饪技术娴熟，能满足各界朋友的不同口味。服务周到，服务水平在北京市旅游局指定的餐厅中名列前茅。

豳风堂餐厅根据史料记载，自行研发了雪莲酒、养生滋补酒、蚂蚁酒等特色酒品。

豳风特色酒一：雪莲酒（图 3.1–38）

来源：《本草纲目拾遗》。

功用：补肾壮阳，温经散寒，祛风除湿。

雪莲其味甘苦而性温，入肝、脾、肾三经，能补肾壮阳，除寒，温经止痛，制成药酒，其温通之力更强，效力益彰，并有良好的祛风湿作用。

豳风特色酒二：养生滋补酒（图 3.1–39）

功用：温肾补精，益气养血。

多种材料炮制而成，主料味甘性温，温而不燥，补力平缓，功擅补肾阳，益精血，有兼补气血阴阳之优点。上补肺气，下益肾精，可奏扶正固本，纳气平喘。肺肾两虚咳喘之首选。用于慢性支气管炎、支气管哮喘等慢性阻塞性肺疾患的缓解期治疗。

豳风特色酒三：蚂蚁酒（图 3.1–40）

功用：补肾益气，强筋壮骨。

蚂蚁补肾，益气，使其有效成分充分溶出，效力益增，故可治疗腰膝酸困，四肢无力，性欲低下，风湿关节疼痛等症。另有美容颜，抗早衰之奇效。

图 3.1–38　雪莲酒（左）
图 3.1–39　养生滋补酒（中）
图 3.1–40　蚂蚁酒（右）

2002 年豳风堂餐厅通过全国酒店酒家等级评定委员会审核，转换为一级四星餐馆，并成为全国绿色食品消费单位。2003 年北京市园林局双十佳服务窗口。2005 年被评为守信企业、“经营规范达标”先进企业。2007 年被商务局评为中国风味特色餐厅；2009 年被商务局评为商务安全先进单位；卫生局食品卫生等级 A 级单位；国家餐饮行业企业信用等级评价 AA。

豳风堂由供帝后观稼、游玩的皇家禁地发展为供国内外游客休憩、用餐的旅游胜地，在动物园中以独有的特色迎送中外宾客。

3.1.8　青年湖公园玉馔堂

玉馔堂得名于“玉盘珍馐值万钱”，位于北京青年湖公园内。依湖傍水，古色古香的中式建筑与公园整体环境相统一（图 3.1–41）。店内古乐悠悠，卷帘低垂，既无大堂散座的热闹，也无市井车水马龙的喧扰，而是以它经典的美味，纯粹的文化，感染着每一位宾客。在淡淡梨花木香以及轻柔飘渺的古乐声中，玉馔堂人一直延续着传统官府谭家菜不变的精髓，无怪乎商贾显贵，食客佳人咸集于此（图 3.1–42）。

官府菜是封建社会官宦之家所制的馔肴。官府菜在规格上一般不得超过皇家宫廷菜，而又与庶民菜有极大的差别。历代封建王朝的许多官高禄厚的文武官员，极其讲究饮食，不惜重金聘请名厨，创造了

图 3.1—41 玉馔堂外景（上）
图 3.1—42 玉馔堂内景（下）

许多传世的烹调技艺和名菜。如东坡肉，据说是北宋文学家苏轼（号东坡居士）所创制的；宫保鸡丁，相传为清四川总督丁宝桢（官衔宫保）所创制而得名。在京城，流传最广的官府菜是以清末谭家谭宗浚父子所创的"谭家菜"。

谭家菜由清末谭宗浚父子所创。同治十三年（1874年），广东南海市人谭宗浚殿试考中榜眼，入京师翰林院为官，住在西四羊肉胡同。谭宗浚一生酷爱珍馐美味，亦好请客酬友，常于家中亲自烹饪美食宴请官宦之家的亲朋，中国历史上惟一由翰林创造的"菜"自此发端。他与儿子刻意钻研饮食，还曾重金礼聘京师名厨，得其烹饪技艺，将广东菜与北京菜的特点相结合自成一派，即为“谭家菜”。当时京师官员至潭府聚会成为时尚，“谭家菜”由此走向社会。到了 20 世纪 30 年代更是名声大振，当时的政界、军界、商界、文化界的名流要人，以用“谭家菜”宴客为光宠，即使提前半月预订也不嫌迟。京师外的人也要想方设法品尝到“谭家菜”。清亡后，谭家逐渐败落。谭宗浚之子却不愿在饮食方面稍有收敛，然而坐食山空，家境难以维持，便悄悄地承办家庭宴席，但碍于面子还不肯挂出“餐馆”的招牌。不过，谭家自此生意却日益兴隆，有许多素不相识的人慕名而来，以重金求宴。“谭家菜”通过这样的家庭小宴而流传，渐渐地成为历久不衰的招牌菜，故此一直流传有“戏界无腔不学谭（谭鑫培）、食界无口不夸谭（谭家菜）”的说法。

谭家菜以南方口味为主，兼顾京城较为流行的鲁菜特色。在烹饪过程中，往往是糖、盐各半，以甜提鲜，以咸提香，做出的菜肴适合南北各方人士的口味。另一个特点是谭家菜讲究原汁原味，鸡要有鸡味，鱼要有鱼味。很少用花椒一类的香料，这一点比较符合现代人健康美食的标准。谭家菜是家庭菜，讲究慢火细做。在谭家菜中多用烧、烩、焖、蒸、煎、烤及汤羹等方法加工食物，而很少用爆炒。比如谭家菜中鱼翅的做法，就有沙锅、清炖、黄焖等，其中尤以黄焖鱼翅最为著名。

“谭家菜”讲究意境和菜品的融合，有五大特点：一是选料考究；二是下料好；三是火候足；四是慢火细做；五是口味纯正。谭家菜尤以鱼翅、鲍鱼、燕窝，海味最佳，食客凡吃过后，皆感觉菜香气四溢，留香持久。所谓“不为枉费”、“回味无穷”。谭家菜还讲究“美食美器”，菜品要用精致的器具分盛，顾客一人一份，这样的分餐办法很讲究卫生。品尝谭家菜也非常注重环境，尤其要布置得室雅花香，让顾客受到一种古朴典雅的氛围。

相传，要吃谭家菜还有几条不成文的规矩，一是请客一定要连谭家的主人请在内，不管每餐的就餐者与谭家是否相识，都要给谭家主人多设一个座位，谭家主人也总是要来尝上几口。二是无论吃客有多大的权位，都需走进谭家门来尝菜。曾有很多名流在京城请客，希望谭家厨师能出“外会”，均遭到拒绝。三是吃谭家菜要提前15 天，因为谭家菜中著名的黄闷鱼翅要用比天九翅还要好的鱼翅加瑶柱、海参等几十种辅料用鸡汤调 15 天才能出来那个独特的味道。

1943 ～ 1946 年谭家菜的经营由谭家小姐谭令柔主持、家厨彭长海掌灶。1949 年谭令柔参加公干，家厨彭长海、崔鸣鹤、吴秀全，搬出谭宅，在果子巷经营“谭家菜”。1954 年公私合营，“谭家菜”自果子巷迁往西单“恩承居”。1957 年西单商场扩建，“曲园酒楼”并入“恩承居”，自此一居两菜。1958 年，周恩来亲自安排“谭家菜”于北京饭店经营。谭家菜作为中国官府菜中的一个最突出典型流传下来实属不易。在 20 世纪的二三十年代，京城最出名的三大私家菜：军界的“段家菜”、财政界的“王家菜”、银行界的“任家菜”都随着官府的盛衰而起落，最终失传。而谭家菜却以色、香、味、形等方面独树一帜，流传至今，十分珍贵。谭家菜不仅赢得了许多国内外老饕的赞美，也引起了不少烹饪研究家的兴趣。从中国烹饪历史角度说，谭家菜是一块活化石，提供了一份研究清代官府菜的最完整而准确的资料。

玉馔堂的老板原来是北京饭店的厨师，这里的谭家菜秉承了百年前谭家菜的精华。烹调中多是糖盐各半，以甜提鲜，以咸提香，菜品咸甜适口，南北均宜。特别讲究原汁本味，烹制时很少用花椒一类的香料炝锅，讲究吃鸡就要品鸡味，吃鱼就要尝鱼香，决不能用其他异味、怪味来干扰菜肴的本真。在焖菜时，则绝对不能续汤或对汁，否则便谈不上原汁了。玉馔堂的鸡汤是用河北的母土鸡文火炖 10 个小时以上，再加上鸭子、金华火腿、干贝等辅料。汤清如水，浓而不腻、清而不薄、为高汤中的上等之作。如果客人要是中午用膳，玉馔堂的小工就得半夜起来吊汤。在用餐方式上，玉馔堂讲究分餐，一菜一器，以罐上桌。空罐一直在蒸箱里保温 10℃左右，以保证菜到客人口中时温度适中。过冷过热菜都不够鲜美。这里的菜全是极品，只有用料的贵贱，口味全然是一流的。小到青菜心、烧香菇、鱼肚、鱼唇（图 3.1–43），大到黄焖鱼翅、极品鲍（图 3.1–44），都会让人过口不忘。即使品一套最廉价的百元菜，也可尝尽人间极品美味。如此精工细做就有了汤鲜味美的“玉馔极品鲍”、脆嫩香鲜的“罗汉大虾”、清淡适口的“银耳素烩”。而看家菜“黄焖鱼翅”和“清汤燕菜”则汤清如水，燕窝软滑不碎，极为鲜美。

玉馔堂有一定的客户目标，没有零点散坐，只有包桌，餐厅的宗旨是不追求翻台量，只为客人提供最舒适的服务，所以在当初设计时除了完全采用中式风格以外，主要追求的是宽大舒适、高贵气派的风格。170m^2的大厅，只隔出6个包间，每个包间的面积都在30m^2左右，包间内露白的地方较多，为的是显得风格简洁、明朗，仿红木的门窗漆工很讲究，质感很细腻，房间内陈设也很简单，让人心情舒畅。临湖的包间（图3.1–45）最受客人喜欢，光线明亮，层层湖水，野鸭嬉戏，加上房间暗红色的仿古家具，明黄色的桌饰座饰，墙上挂的高仿作旧仿明青绿山水，让人有置身名门的感觉。在装修中另一处颇费心思的地方，就是包间内的灯光，到了晚间，临湖的包间有隔岸的点点霓虹和水中的倒影，弥补了中式装修光线偏暗的缺陷，反而显得更有味道。此外，为了满足不同顾客的不同要求，玉馔堂内还保留了一间欧式装潢的包间，豪华气派自不必说，绿色线条的壁布，坐在白色的高背靠椅上，品尝中式美味，会别有一番情趣。

一百多年前，谭宗浚父子糅合南北菜肴风味创造而成谭家官府菜，开贵族宴之先河。百年后玉馔堂谭家菜博采各派厨艺之特长，凭借对美食的深刻了解，传承谭家菜的原真特色，把人类对品质生活的种种向往演绎得淋漓尽致。

图3.1–43 玉馔堂特色菜——油吃草菇（左）
图3.1–44 玉馔堂特色菜——八珍鱼翅（右）

图 3.1–45 玉馔堂临湖包间

3.1.9 恭王府四川饭店

恭王府四川饭店位于恭王府后花园内，是四川饭店的分店，在京城名噪一时，如今四川饭店虽因合同到期，撤出恭王府，但当年的盛况和如织的食客依然被人称道和怀念。四川饭店总店在北京西绒线胡同，始创于 1959 年，由周恩来总理亲自命名，并请郭沫若先生亲笔书匾，是当时京城最大的一家经营川菜享誉海内外的高级饭庄。这家在恭王府中的分店毗邻后海，背倚恭王府花园，闹中取静，是一个品尝美味的好去处（图 3.1–46）。

恭王府曾是清朝乾隆年间大学士和珅的住宅。1851 年，咸丰皇帝将此宅赐给恭亲王奕訢，始称恭王府。府内建筑将北方建筑风格与江南园林艺术融为一体，堪称王府之最。店内有八个餐厅，风格迥异、舒适宜人，并设有可同时接待 300 人的高档宴会和筵席（图 3.1–47），此外还可以在恭王府花园内的湖心亭、邀月台、安善堂、大戏楼、益智斋等处举办不同规模、不同档次的宴会、酒会及冷餐会。顾客可品尝到“一菜一格，百菜百味”的精美川菜，并享受到优质的服务，宾客将领略到东方饮食文化所特有的魅力，同时享受到精致美食及规范服务。用餐后还可在王府花园内欣赏美景。

四川饭店恭王府分店主营传统川菜，如鱼香明虾球、怪味鸡丝、虫草哈士蛙、香辣脆鳝、鞭花牛头方、嗓子海参、泡菜鱼翅等等。为了迎合外地、外国顾客的口味，也对菜品的味道做了一些改良，广受好评。"开水白菜"、"鱼香明虾球"、"樟茶鸭"、"四川汤圆"等都深受中外宾客的欢迎。

"开水白菜"是川菜的经典代表菜之一，是川菜高档筵席上的一味佳肴。其用料讲究、烹制过程复杂，此菜关键在于吊汤，它是用鲍鱼、鱼翅、老鸡、老鸭等原料经过十多个小时的熬制，再用鸡胸肉打成鸡腻子清三遍汤，汤汁色泽清澈，如开水一般，但口味依旧浓郁。

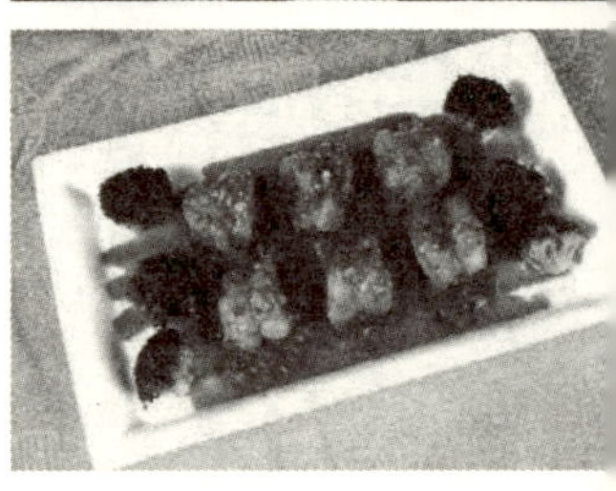

图 3.1–46　恭王府四川饭店（上）
图 3.1–47　恭王府四川饭店内景（中）
图 3.1–48　鱼香明虾球（下）

"鱼香明虾球"（图 3.1–48）选用上等的明虾去皮、去头尾精心烹调制作而成，虾球色泽鲜亮，口感脆嫩爽滑、微辣回甜，使宾客既品尝到了传统川菜中"鱼香"口味咸、鲜、微辣、香的独特风味，又能满足摄取低脂肪、高营养的健康美食需求。

"蔬香樟茶鸭"经过多年研究改进，采用精选北京填鸭作为鸭坯腌制，并添加了十多种纯天然调料和蔬菜，在保留了四川樟茶鸭原有的酥、嫩、鲜、香口味特点外，烹制出更加均匀鲜亮，皮酥脆，肉滑嫩的樟茶鸭，品尝一口鲜香浓郁又不失果蔬香味的淡雅，令人回味无穷。鸭肉富含不饱和脂肪酸、蛋白质及维生素 B 族，有滋补，润泽肌肤等作用，为食疗、美食珍品。

"四川汤圆"的历史很悠久、选料讲究、做工精细、风味独特。四川饭店经过几十年的潜心研究、不断创新，形成了独具风格的汤圆精品。其中，麻酱味型独此一家，还有黑芝麻、鲜橙、肉松等多种经典口味。另外还有无糖型速冻汤圆，既适应了当今健康美食潮流，也满足了特殊人群的需要。

3.1.10　恭王府大戏楼（茶馆）

恭王府曾是清朝乾隆宠臣大学士和珅的住宅。后和珅因贪污罪家产被抄后，这处私宅便赐给了庆亲王，称庆王府。1851 年，咸丰皇帝将此宅赐给恭亲王奕䜣，始称恭王府。府内建筑将北方建筑风格与江南园林艺术融为一体，堪称王府园林之最。

恭王府的建筑分为府邸和花园两部分。府邸又分东、中、西三路。大戏楼位于东路，面积 685m^2，建筑为三卷勾连搭全封闭式花木结构，紫硬木雕花隔扇将戏台分成舞台与后台，戏台的墙壁、屋顶均绘有彩画藤萝，听戏的大厅内悬宫灯，设有八仙桌和太师椅。

这座戏楼是我国现存独一无二的全封闭式大戏楼。建于同治年间（1862 ~ 1874 年），是恭亲王及其亲友看戏的场所（图 3.1–49）。音响效果极佳，楼内不装扩音设备，完全凭借演员的本色发音，音色纯正、自然。一次，一位著名演唱家来此演唱后，兴奋地称赞大戏楼比音乐厅的音色效果还要好。除了听戏、宴客之

图 3.1–49　恭王府大戏楼

外，恭王府中的红白喜事也多在戏楼筹办。府中重要人物的丧礼要筹办七七四十九天，届时会请寺院中的僧尼来戏楼超度亡灵。另外，1936 年，恭亲王奕䜣之孙、著名画家溥儒为其母祝寿而在戏楼筹办堂会，邀请京剧界众多名角登台献艺，颇具影响。这也是恭王府大戏楼的最后一次堂会戏。

2005 年台湾亲民党主席宋楚瑜率团访问北京时曾到恭王府游览，参观了全部景点，他本人还饶有兴味地登上戏楼看看。在参观途中，宋楚瑜对媒体谈到："我在大学里是学外交的，而恭王府与近代中国那段屈辱的历史有关。对当时那些不平等条约，我们都很痛恨。我特别爱看《天下第一楼》等历史剧，所以今天一定要来恭王府看一下，体会一下当时的时代背景。中国人一两百年来深受不平等条约的欺凌，来恭王府参观除发思古之幽情外，更要激励华夏同心，再创中华民族康乐富强的未来。"中国的传统文化是海峡两岸交流、对话的根基，恭王府大戏楼作为代表，起到了切实的作用。

现在大戏楼的演出有京戏、昆曲、杂技，还有独具特色王府音乐、身着清朝服装的服务员。游客花费 70 元即可在王府餐馆欣赏大戏楼的戏曲，同时还可品尝到王府盖碗茶和小吃，别具风味，成为恭王府内一项招牌游览内容，对于外地游客来说，尤其称道，听戏、喝茶、品美味、赏文化、观美景，兼而有之，实在是物有所值啊！

3.1.11 陶然亭窑台茶馆

窑台茶馆始建于清乾隆年间，至今已有二百多年的历史。位于陶然亭公园西北侧窑台山之上。窑台（图 3.1–50）原本是一座自东而西绵延百余米的土冈，明清时期在此设窑厂，有专人管理，因而得名窑台。清康熙三十四年，工部郎中江藻奉旨监督黑窑厂厂事，于慈悲庵的西侧筑亭，取白居易"更待菊黄家酿熟，共君一醉一陶然"诗意，取名为陶然亭。窑台与之临近，又地势高耸、视界开阔，登台可远眺，景色优美。京城的文人雅士特别是进京赶考的学子多喜于此游憩、吟咏。乾隆中期，慈悲庵僧人在窑台上建真武殿，管理

图 3.1–50 窑台茶馆

真武殿的“火工道”在殿旁搭凉棚设茶具，于是窑台成为人们登高、饮茶的茶馆，生意十分兴旺。民国初年，真武殿荒废，茶馆也随之停业。1955 年 8 月，陶然亭公园管理处从慈悲庵僧人德坤手中接管窑台茶馆，从此改为国营。1956 年在窑台上新增茶棚，扩大经营面积。1960 年一度改为饭馆，1965 年后因场地狭窄不利于经营，又恢复经营茶品，兼营糕点等小吃，颇受游客欢迎。2004 年，陶然亭公园管理对东湖食品店进行翻修改建，将原有窑台茶馆迁至此处。茶馆的营业面积扩大为 600 多平方米，配套设施也更加完备，每日吸引众多游客，居高赏景，休憩品茗，别有一番情趣，成为陶然亭公园一处品茗赏景的休闲场所。

3.1.12 承德避暑山庄蒙古包度假村（宾馆）

蒙古包度假村（图 3.1–51），位于避暑山庄内的南山积雪亭山脚下，热河泉北岸的万树园风景区，是避暑山庄内唯一一家旅游接待单位。万树园蒙古包在清代是避暑山庄内的政治活动中心。皇帝在蒙古包内

图 3.1–51 避暑山庄蒙古包

处理军政事务，并会见、宴请少数民族王公贵族和政治首领以及外国使节。当时被称为“黄幄殿”，外国人称为“圆形天幕”。

避暑山庄的蒙古包，不同于一般牧民所使用的活动帐篷，结构繁复、规模宏大，是典型的宫廷式建筑。从规格到布局都是严格按照封建王朝的等级制度建造。当年蒙古包共设有各种蒙古包 28 架，还有两座洋房。这些蒙古包有些供皇帝办公、休息使用，有些供王公贵族、使节使用、还有些供皇妃、皇亲、王公大臣使用。蒙古包可以自由拆卸，随意移动，平时收藏在永佑寺中，有专人负责保管。据《热河园庭则例》卷十中记："御幄蒙古包七丈二尺，一分；又五丈九尺五合蒙古包一分；又四丈二尺西洋房二座；又五丈二尺花顶蒙古包二架；又二丈五尺备差蒙古包二十四架。”直到清道光十八年依旧是这个数目。“御幄蒙古包”处于正中央首位，其后为“五合蒙古包”，其前左右依次排列为“西洋房”、“花顶蒙古包”，每座间距数丈。上述蒙古包四周安放“备差蒙古包”24 架。基本构成南北长方后面稍有椭圆形状，寓意着以皇帝为核心的“众星捧月”之势，显露出天子至高无上的权威。为了做好防护，在“备差蒙古包”外围，设置临时性的木栏“风障”，正前方架门三座，当中高大为正门，只有皇帝和赐令人员才能行走，两座较低为掖门，为其他人员出入的地方。正门里面数丈的地方，设有一座三间活动房子，内放供桌一张，上摆三件铜器皿，分别盛着油、米、茶贡品，祭祀天地和祖先。“风障”里面是满八旗人站岗，外面是蒙八旗人守卫。这一布局形式在清代一直延续，虽然有时因活动内容不同，稍有差异，可是原则上没有大的变化。

现在的蒙古包度假村，外形依旧，内部却完全不一样了，是现代化的宾馆客房，供中外旅游观光者享用。度假村的饮食特色是蒙古烤全羊（图 3.1–52），全羊席蒙古语称之为秀什或不禾勒，蒙古族招待贵宾的传统佳肴，又称整羊席，是蒙古民族最古老、最隆重的一种宴席。一般只在盛大宴会、隆重集会、举行婚礼或接待高级贵宾时摆设。全羊席的烹制法和仪式，虽因地区不同有所差异，但大体上是一致的。将整羊加工后摆在长方形的大木盘里，肉味鲜美，香飘满堂，浓郁扑鼻。宾客在进餐前，还要举行一定的仪式，高唱赞歌，朗诵献整羊的祝词等。席散后，男女青年开始敬酒献歌，也有在吃肉时就开始敬酒献歌的。据文献记载，成吉思汗曾设过全羊宴。忽必烈登基时，也设全羊宴祭神祇、待宾客。到了清代，全羊宴更加盛行，北京罗王府和内蒙古各盟旗王府中，都以全羊宴接待来宾。

清代著名文学家、美食家袁枚《随园食单》记："全羊法有七十二种，可吃者，不过十八九种而已，此屑龙之技，家厨难当。一盘一碗虽全是羊肉，而味各不同。"民国五年，徐珂编撰的《清稗类钞》中《饮食类 · 全羊类》翔实地记载了全羊席的烹制方法，与《随园食单》相比较，菜品总数由 72 种增加到 108 种，实际制作的也有由近 20 种增加到近 80 种。另有关菜品形状和品味以及盛菜器皿的记录，并注明全羊席流行于清朝同治、光绪年间。徐珂的记录表明了全羊席发展、完善的过程。此后，全羊席日臻完善，发展成为礼仪庄重、程式严谨、菜肴精致、配膳合理的盛筵。除 108 道全羊菜品外，上菜之前要有四干、四鲜、

图 3.1–52　烤全羊

四蜜饯、四青菜、四冷菜、四甜碗；上菜之中插四甜、四咸点心及醒酒汤；席末要上四种主食和四种汤菜。使整个全羊席上的菜点达150余种。

全羊席最早出现在民间是在清末民国初年的天津，会芳楼的穆祥珍、鸿宾楼的宋绍山等都是烹制全羊席的名厨。在他们的探索、创新中，全羊席已达到了"食羊不见羊，食羊不觉羊"的完美境界。每道菜品取料极为精细、取名极为奇巧，烹调极为高超，组合极为考究。当时的全羊席取名之高妙，寓意之贴切也令人拍案叫绝。如有吉祥"会意"的：寿天百禄、满堂五福、三羊开泰、八仙过海、百子葫芦、吉祥如意等菜品。全羊席不仅满足了顾客的眼目之福、口腹之欲，也给食客带去了艺术上的享受。充分体现出中国饮食文化的博大精深。时至20世纪80年代宴宾楼的工春彤师傅不仅整理了"全羊席"，又在原全羊大菜的基础上创制出"滑炒凤丝"、"雪片纷飞"、"甜蜜常思"、"青山挺立"、"旭日东升"、"西施腐乳"、"春回大地"、"银装素裹"、"三体相会"、"荟萃一堂"、"烩脊脑眼"、"烹烧鹿筋"12道新品，进一步丰富了全羊菜的内容。

避暑山庄蒙古包度假村的全羊席继承了传统烹饪技艺，使游客在游览避暑山庄的同时还可品尝到古老蒙古族的美味佳肴。现度假村有高、中、低档床位300余张，宾馆内设有大、小中西餐厅，还设有商品部、酒吧、卡拉OK多功能歌舞厅、会议室、旅游车、导游、票务等一条龙服务项目。可接待前来旅游、开会、度假的国内外团队、单位和个人。由于度假村独特的地理位置，游客入住后可以在早晨漫步山庄，尽情欣赏湖光山色。也可登山，度假村西侧就是著名高峰南山积雪，上到顶峰后可俯瞰山庄全貌。晚上还可以去塞湖欣赏月挂中天，亭台楼阁尽在水中的夜景。天黑之后，还有篝火晚会，焰火狂欢——是蒙古最具特色的民族风采的歌舞表演。那熊熊燃烧的篝火，映得在场的每个人脸上都红彤彤的。游玩一天之后，游客回到蒙古包可以欣赏到歌舞、杂技等表演，放松心情，亲身感受到蒙古人的好客与热情。

3.2　名园名店，名人荟萃

公园餐厅的美味佳肴吸引了大批游客前来就餐，其中不乏社会知名人士。中国人交往讲究：良辰、美景、赏心、乐事、贤主、佳宾，在风和日丽的时节，社会名流们相约来到景色秀丽的公园，选择一家古色古香的餐厅，品尝具有中国传统文化的菜肴，可谓将这六要素集于一身了。公园餐厅环境幽雅，是名人交流、议事的佳所，一些重大的政治、外交事件也是在公园餐厅的宴席间解决的，这既是公园餐厅区别于社会其他餐饮行业之处，名人的到来也为公园餐厅增添了亮丽的光彩。

3.2.1　颐和园听鹂馆

颐和园听鹂馆自 20 世纪 30 年代以来，由专门供帝、后宴饮、娱乐的场所转变为经营饮食业的餐厅。1949 年以后更成为接待国内外重要领导人及贵宾的饭庄。相继接待过周恩来、邓小平、刘少奇、朱德、叶剑英、李先念、胡耀邦、万里、彭真、杨尚昆、郭沫若、张大千、西哈努克、福特、布什、基辛格、希思、伊丽莎白女王二世、田中角荣等 200 多位国家高层领导人及有影响力的知名人士。还接待过 100 多个国际组织成员和众多的国际代表团。清末代皇帝溥仪的胞弟爱新觉罗 · 溥杰先生就餐后为听鹂馆题字——“宫廷寿筵”。全国第一次政治协商会议召开期间，周恩来总理在第一次政治协商会期间于听鹂馆举行招待会。听鹂馆的“历史名人专桌”即是当时周恩来宴请宾客时所用的餐桌。知名人士的光顾，使听鹂馆成为国内外知名的饭庄。

为了更好地为顾客服务，再现听鹂馆皇家饮食的文化特色，听鹂馆饭庄在保护古建的前提下，布置餐厅环境，突显皇家饭庄的高贵风范，得到了普通游客以及高级贵宾的一致好评。举世瞩目的第 29 届北京奥运会期间，北京奥组委选定最具中国宫廷特色的颐和园听鹂馆答谢国际奥委会对北京举办奥运会的支持，品尝宫廷寿宴，官员们对寿宴中的菜品赞叹不已，宴会结束后纷纷在菜单上签名留念。

近年来，颐和园管理处制定了系统规划对听鹂馆寿膳制作技艺进行保护。成立保护机构、建立保护基金；整理相关资料并建档、保存；聘请专家论证；鼓励师傅带徒弟的传承方式，成绩突出者予以奖励，促进提高；由此使寿膳更好地为现代社会和民众服务，并使听鹂馆寿膳这一宝贵的非物质文化遗产得以传承。

（1）邓小平与听鹂馆

自 1952 ～ 1966 年，邓小平曾多次作为中央代表在听鹂馆主持宴请活动。20 世纪 60 年代初，邓小平在听鹂馆宴请朝鲜人民军大将金光侠代表团。宴席中各类色、香、味、形俱佳的宫廷菜肴相继端上餐桌，朝鲜客人对菜品及听鹂馆厨师的技艺赞不绝口。邓小平对听鹂馆的宴会安排及服务也十分满意，宴请快要结束时，邓小平要服务员把餐厅的负责人找来，说道："今天的菜烧得非常好！我和金光侠大将都很满意，掌勺的肯定是一位高级技师吧？"听鹂馆负责人回答说："今天掌勺的是一位姓陈的师傅，他还不是技师，只是一个普通厨师而已。"这"而已"二字透着对听鹂馆厨师技术自信。我国的厨师等级按厨师和技师两个档次划分。厨师分初级、中级、高级。厨师之上才是技师。这位姓陈的师傅，当时的级别不高，仅仅是一位普通厨师。邓小平得知这一情况后马上摇头说："太低了，这么好的手艺应该得到相应的荣誉，我的这个建议供你们参考。"

在邓小平的心目中，颐和园不仅仅是山水、风景秀美，作为著名的古代皇家园林，它的饮食行业也应该是第一流的。邓小平在一般场合不太爱讲话，这一次却为一位厨师鸣不平，这不仅是针对个人的表扬与鼓励，更是对听鹂馆餐厅专业技术以及服务品质的充分肯定。

1978 年"文革"结束，邓小平第三次复出，在听鹂馆宴请美国国务卿万斯。十年动乱，邓小平的政治生涯几起几落，在经历了生活的种种磨难之后，故地重游，感慨良多……。

万斯先生则带着对中国饮食的兴趣来到听鹂馆。当时中国菜在西方饮食界已经形成不小的影响，不少西方人都对中国菜十分喜爱，万斯即是其中的一位。他在颐和园乘船游湖之后来到听鹂馆，邓小平以主人的身份在听鹂馆迎候。听鹂馆的御膳，迎合了万斯的口味，情不自禁地说："我真没想到，经过文化大革命，颐和园仍然保护得这么完好，饭菜也是如此有特色，实在不容易。" 邓小平坦然一笑，说道："你在美国没有想到的事情，今天在中国见到了，中国有句古话，叫百闻不如一见么！"

随后邓小平与万斯在听鹂馆展望了中、美两国关系的发展趋势。此次宴会，是一次重要的政治、外交活动，邓小平作为中方代表出席宴会预示着中国政治局面的转机，同时，听鹂馆御膳在"文革"冲击之后，以其本来的特色重新展现在世人面前，人们得以再一次重温传统宫廷御膳的魅力。

(2) 周恩来的歉意

1949 年著名诗人柳亚子先生受中国共产党领导人邀请居住在颐和园。由于建国初期公务繁忙，加之柳亚子先生有病在身，一些重要的活动没有邀请他参加。柳亚子对此产生了一些误解，常发牢骚，有时还大骂警卫、管理员（图 3.2–1、图 3.2–2）。

周恩来得知情况后，叮嘱相关人员照顾好柳亚子先生的生活，不要惹他生气，并在百忙之中抽出时间，特地在颐和园听鹂馆安排宴席，邀请柳亚子先生及夫人赴宴。一日上午，柳亚子和夫人郑佩宜女士到

图 3.2–1　柳亚子（左）
图 3.2–2　柳亚子居住的益寿堂（右）

达了听鹂馆，周恩来同他们握手、寒暄之后入席，周恩来举杯祝酒，请大家为柳先生和夫人的健康干杯。宴席中，周恩来简单介绍了一下与南京政府谈判破裂，我军开始进行渡江战役等时局发展情况。并说道："我们来到北平已经20多天了，由于忙，没有及时来拜访和请教先生，请柳先生谅解。最近听说柳先生情绪不大好，我感到很不安，今天特来拜访先生。"之后，周恩来坦率地谈及柳先生与哨兵、管理员之间不愉快事情："我们的同志刚进城，很多事情还不懂，没有把事情办好，惹柳先生生气了；不过这几件事，柳先生你做的也过分了。我们的朱总司令，可谓影响大、职位高，可是他从来没有打过任何一个战士，没有动过战士一指头。打人在我们人民军队中是不容许的，中国人民解放军取得胜利的原因之一，就在于军队内部的民主制度，党的领导和人民群众的支持。领导人对身边的工作人员、门卫、警卫战士应当和气。"

由于公务在身，周恩来不得不中途离席，与柳先生夫妇一一握手告辞。但在领走前特地叮嘱工作人员对柳先生生活的照顾要细致入微，如果有些食品在附近买不到可以进城到东单菜市场、北京饭店购买，到东安市场买水果，保证柳先生的生活水平。

周恩来的一席话，消除了柳亚子先生之前的误解，也认识到自己一些过激行为的不当之处。工作人员按照周恩来的嘱咐，认真、细致地照顾柳亚子的生活起居，柳亚子对此表示十分满意，不再发牢骚了。周恩来的一桌宴席既表达了自己的歉意又指出了柳亚子的不妥之处，并得到了尊重和理解。原本僵持、激化的问题在主、宾推杯换盏间迎刃而解，可见周恩来总理在化解矛盾方面的智慧。

（3）布鲁斯的送行宴

美国驻华大使布鲁斯在中国任职一年零四个月，虽然时间短暂，但布鲁斯对促进中美政府高层沟通，加强中美双边经济、文化、科技交流方面做了很多工作。1974年9月，布鲁斯任满回国前夕，乔冠华副外长在颐和园听鹂馆设宴为他饯行。

宴会安排在晚上，规模较为隆重。美国联络处的主要官员都到场，中国方面以乔副部长为首，外交部美大司司长林平和主管美国事务的其他官员也都参加。美国客人在相关人员的陪同下首先在烟波浩渺的昆明湖中泛舟。贵宾们一边品尝特别准备的茶点，一边欣赏昆明湖的夜景，波平如镜的昆明湖使他们印象深刻。不觉船已泊在听鹂馆岸边，客人们都恋恋不舍地离船上岸，进入听鹂馆。

听鹂馆内美酒佳肴早已备好，宾主落座、开席，美国客人先是对颐和园的夜景大加赞赏，之后又谈到政治问题。布鲁斯坦言他对中国的看法，他印象最深的一点是，中国人在对外开放上有很强的实干精神，许多方针政策都符合中国的实际情况，并能够保证有效实施，这一点最值得肯定。其次，中国人坚持以自力更生为主的方针，并与对外开放政策互相协调。借此，布鲁斯又拿前苏联的情况与中国对比。中国以农业生产为基础，能够保证自给自足，对外开放稳步推进。前苏联的农业发展不够，还欠下许多外债，两者形成了鲜明的对照。中方代表也谈了对中国对外开放和坚持独立自主政策的看法，并发表对前苏联内外政策的见解，双方的观点颇多相似，相谈甚欢。乔冠华副外长还对布鲁斯等在华工作表示肯定，并祝愿他回国一帆风顺。

夜已深沉，美国客人们玩得开心、吃得满意，与中方代表们道别、致意，结束了这次愉快的宴会。

(4) 听鹂馆中密会台湾来客

20 世纪 50 年代初，国民党退据台湾后，海峡两岸形成了隔海相望的政治格局，但当时国共两党高层都不希望出现两个中国的局面。1956 年春天，蒋介石收到一封中共中央写给他的专信，信中提出了进行第三次国共合作及完成统一大业的设想，蒋介石读完信后，产生了与中共领导人接触的想法。肩负“密使”使命的是原中央通讯社记者曹聚仁。蒋介石、蒋经国首先派人秘密会见了曹聚仁，向他表达了愿意与大陆沟通的想法，并让曹聚仁去一趟大陆，摸清大陆方面的真实意图。

1956 年夏天，曹聚仁给老师邵力子先生写了一封信，表达了他想与中共高层接触之意。邵力子立即向中共中央做了汇报。周恩来了解情况后，迅速安排曹聚仁进京面谈。7月16日中午，周恩来在颐和园听鹂馆宴请了曹聚仁，用餐过后，周恩来邀请曹聚仁泛舟昆明湖。在游船如织的湖面上，周恩来、陈毅与曹聚仁一起划船。曹聚仁问周恩来："你许诺的'和平解放'的票面里有多少实际价值？"周恩来说："'和平解放'的实际价值和票面价值完全相符。国民党和共产党合作过两次，第一次合作有国民革命军北伐的成功，第二次合作有抗日战争的胜利，这都是事实。为什么不可以第三次合作呢？"周恩来接着说："只要政权统一，其他都是可以坐下来共同商量安排的。"

此次听鹂馆中的宴请不仅关系到国共两党关系的缓和，更关系到祖国和平统一大业的实现，意义重大。曹聚仁离京后于8月14日，将会面内容发表在《南洋商报》向台湾方面传递了中共认为"国共可以第三次合作"的重要信息。

3.2.2 中山公园来今雨轩

已有80年历史的来今雨轩依靠其地处市中心的独特位置，吸引了众多的知名人士。19世纪二三十年代，来今雨轩成为革命思想的宣传地，许多革命志士在来今雨轩召开会议，举办革命活动。周恩来曾在这里举办茶话会。李大钊、邓中夏、戴季陶、马寅初、于右任、于树德、黄日葵、高君宇、何孟雄、余景陶、杨钟健等曾到来今雨轩商讨工作。当时的文化界人士对来今雨轩也倍加青睐，鲁迅曾多次到来今雨轩就餐、读报、交谈，他翻译的小说《小约翰》也是在来今雨轩完成的。再如，郑振铎、沈雁冰、叶圣陶、王统照、许地山等皆曾在来今雨轩就餐、议事。由于名人的偏爱，来今雨轩成为马克思学术研究会、少年中国学会、中国画学研究会、文学研究会的活动地点，"中国清真教学界协进会"、"反帝大联盟"成立大会也在这里召开。

(1) 张恨水的《啼笑因缘》

著名通俗文学大师张恨水先生更是对来今雨轩有感情，他喜欢来今雨轩，不管是春柳含烟、蝶舞莺唱，还是冬雪堆玉、老梅燃情，也不管是秋菊噙香、黄叶流金，还是夏荷出水、翠竹临风，这里都给人一份悠然脱俗的美。他的代表作《啼笑因缘》便诞生在这里。那是在 1929 年 5 月，张先生在来今雨轩举办的欢迎上海新闻记者东北视察团的宴会上，与《新闻报》严独鹤先生相识，严独鹤先生向他约稿，张恨水爽快的应了下来。那一段时间里，他便揣上铅笔和笔记本，徜徉在中山公园，坐在来今雨轩思考文章的思路。当初夏的阳光透过头顶上的席棚缝撒下一片斑斑点点的阳光时，他真切的感受到一个个生动的人物向他走来，为他吟唱出一曲爱的悲歌，这歌声流入到张恨水的笔记本中，汇成了一部不朽之作《啼笑因缘》。

（2）许地山的婚礼

许地山和夫人周俟松的婚礼，是在来今雨轩举行的。许地山是我国现代著名的作家、学者和社会活动家，曾任教于北大、清华和香港大学，抗日战争期间曾组织各项救亡活动，其文学创作的代表作《春桃》、《铁鱼底鳃》等，以苍劲坚实，格调清新的文风著称，在我国现代文学史上独树一帜。

许地山与周俟松真正相识是在著名戏剧作家熊佛西家。那时周俟松已经从北师大数学系毕业，正在一所中学教数学。许地山当时是文学研究会的发起人，他一年四季爱穿黄对襟棉大衫，留着长发蓄着山羊胡子，又精于钟鼎文和梵文。所以在他就读的燕京大学中得了个"三怪才子"的称号。周俟松对他的大名早有耳闻，经熊佛西牵线搭桥两人的感情很快有了发展，相恋一年后，决定在中山公园来今雨轩举行婚礼。

婚礼选在"来今雨轩"举行，是周俟松的建议。因当年文学研究会的成立大会曾在此召开；再说多年来"来今雨轩"一直是各路文人到京的必访之处。那天参加婚礼的来宾除亲戚外，还有蔡孑民、陈援庵、熊佛西、朱君允、田汉、周作人等。来今雨轩成了许地山与周俟松婚姻的见证。

（3）中国画学研究会

中国画院前身，成立于1919年，由著名山水画家金北楼任会长，周养庵任副会长，成员200多人，其中有秦仲文、吴敬亭、徐砚孙、徐养吾、王雪涛、王慎生、周怀民、李苦禅等人。研究会每月三、八为例会，地点便在来今雨轩茶社东侧的厢房内。画学会汇集了当时享有盛名的一批画坛大师，如秦仲文的山水、徐砚孙的人物、徐养吾的墨竹、王雪涛的花卉等。他们还每年搞一次评选，择优展出。另外，每人画一幅扇面，由周养庵带到天津，向徐世昌汇报。徐世昌回赠每人一幅亲笔楹联，并给相当数量的经费。画学会历时三十余年，每月出一期会刊，名为《艺林月刊》。解放后这一组织改为中国画院，徐砚孙为会长。

（4）中国书学研究会

北京最早的一个书学会。1936年，黄河决堤，灾民无数。当时任古物陈列所所长、中山公园董事的周养庵发起义赈活动，资助灾区。北平文化名人纷纷响应，在中山公园举行书画展销。参加者百余人，著名人物有清末状元刘春霖、翰林张海岩、傅增湘、举人张伯英、拔贡魏旭东、皇室傅心畬等书画篆刻名家。大家当场泼墨挥毫，不论尺寸大小，一律大洋五元，成为北平书坛一件盛事。“七七事变”后，这些文人忧国忧民，无奈身单力薄，故借书法义卖为契机成立了书学会，每半月活动一次，推举周养庵为会长，地点选在来今雨轩。大家无论长幼每次携带自己的书法作品到会，或评论，或讲学，或义卖。1939年因日寇猖獗停办。

（5）文学研究会

1921年1月4日沈雁冰、郑振铎、叶绍钧、朱希祖、周作人、耿济之、瞿世英、王统照、郭绍虞、孙伏园、许地山、蒋百里等12人发起成立“文学研究会”，并在《小说月报》上发表文学研究会成立“宣言”与“简章”。文学研究会是我国现代最早成立的新文学团体，是现实主义文学的一面旗帜。它的宗旨是：研究介绍世界文学、整理中国旧文学、创造新文学。提倡“为人生而艺术”，在反对旧文学、发展新文学、文艺批评和外国文学的研究介绍上都做出了贡献，给以后的文学以巨大影响。

文学研究会最初编有代会刊的《小说月报》，后相继创办会刊《文学旬刊》、《诗》月刊等。并编印有《文学研究会丛书》、《文学研究会创作丛书》等百余种。会员后来发展至 200 多人，正式登记的会员共 172 人。主要有黄庐隐、陈大悲、俞平伯、朱自清、刘半农、熊佛西、谢冰心、徐志摩、王鲁彦、许杰、欧阳予倩、汪仲贤、李金发、蹇先艾、舒庆春等。该会属著作工会性质，组织比较松散。1932 年 1 月因《小说月报》停刊而自行解散。

3.2.3　北海仿膳

仿膳饭庄是北京市旅游局指定接待国内外贵宾的餐馆。多年来，仿膳先后接待了周恩来、邓小平、叶剑英、彭真、万里、王震、罗瑞卿、聂荣臻、徐向前等党和国家重要领导人；也曾接待过美国前总统尼克松、美国国务卿基辛格、舒乐茨、日本前首相田中角荣、大平正方、英国前首相希恩、柬埔寨国王西哈努克、意大利总理克拉克西、马耳他总统巴巴拉、联合国秘书长瓦尔德海姆等重要外宾。

(1) 仿膳的匾额

北海仿膳的匾额是著名文学家老舍先生题写的。1959 年，在周恩来总理的建议下，原先坐落于北海北岸的仿膳饭庄搬迁至乾隆皇帝接见外国使臣，赐宴文武百官的漪澜堂。新建的仿膳需要一块名人题写的匾额作为店里的“招牌”。起初，有人建议由郭沫若先生题写，然而郭沫若认为他的字属于狂草风格，与仿膳这种正统的皇家御膳饭庄不太协调。他建议由老舍先生来题写，因为老舍的字迹工整，又是旗人身份，匾额由他来写再合适不过。于是老舍认真地写下“仿膳”两个字，这块匾额在 20 世纪五六十年代一直镶刻在仿膳饭庄大门上，它也是老舍为商号题写的惟一一块匾额。

“文革”期间，老舍遭到迫害，仿膳匾额中老舍的名字也被人挖去。1975 年 8 月 24 日在仿膳饭庄休养的周恩来总理看到“仿膳”匾额想起了老舍先生，他对身边的工作人员说，今天是老舍先生的祭日，想到他觉得很痛心，希望能够在匾额中重新刻上老舍的名字。于是，匾额上挖掉的部分又恢复了“老舍”两个字，现在仿膳的牌匾上还能依稀看出修补的痕迹，遗憾的是老舍先生的“仿膳”墨宝却找不到了。

老舍的夫人胡絜青也曾多次来仿膳，她见到匾额便会想起老舍先生，也会想起总理的关怀。她在仿膳留下了许多书法作品，至今还在仿膳珍藏。

2003 年老舍的儿子舒乙先生来仿膳参加一个活动，挥笔再次写下“仿膳”二字，并将总理思念老舍的故事记录下来，老舍一家与仿膳近半个世纪的情缘得以延续。尽管老舍先生已经故去，老舍一家人的故事依旧会在仿膳继续流传。

(2) 周恩来爱吃的肉末烧饼

“文革”期间周恩来重病在身，1975 年在与北海一墙之隔的 305 医院养病。他常到北海散步，顺便就到仿膳坐一坐，休息一下。一天他照旧来到仿膳，饭庄的经理庞长红知道他爱吃肉末烧饼，便问道:“您不是爱吃肉末烧饼嘛，我给您做吧？”周恩来犹豫了一下，他知道仿膳受“文革”影响，不能对外营业，经费紧张，此时在这里用餐未免有些不合适，但庞经理再三挽留，周恩来也就同意了。这顿午餐很简单，一盘摊黄菜、一盘炒油菜心、一碗蛋花汤，还有两个肉末烧饼。周恩来吃完饭后对庞经理说要自己结账，庞长红深知周恩来平时自己外出用餐、喝茶之类必是亲自付钱，绝不让别人请客，于是也不推辞，对周恩来说:“总理，一共 1.5 元。”周恩来摇头说:“你算得不对吧，木炭费算上了吗？我算了算，3 元还不够。”庞长红看到周恩来态度认真，加收到 3 元 7 角。第二天周恩来派秘书来说:“昨天的饭钱还是少算了一些，公园不开放，没有游人，仿膳饭庄也不营业，虽说只是两个烧饼，也要专门开火炉的，炭火费、人工费都要算上。不能因为是总理就不一视同仁。”经过反复计算，庞长红最后按周恩来的意思收取了 5 元。

据说周恩来很喜欢吃仿膳饭庄的肉末烧饼，对于这道小点心的制作技艺还提出了一些建议，他曾说过:“仿膳饭庄的肉末烧饼很好吃，如果肉末里面再加上南荠、笋末，吃起来会更爽口，不腻。”仿膳工作人员根据周恩来的提议，在肉末烧饼中加上了南荠、笋末，烧饼的味道果然更好了，受到食客们的一致好评。今天的肉末烧饼依然是这个风味儿，每次仿膳的服务员向顾客介绍肉末烧饼的馅料时都说是周总理建议改良的。“文革”时，仿膳的宫廷菜被批成“四旧”，勒令破除，于是在 20 世纪 70 年代仿膳不得不改为“为工农兵服务”的大锅饭菜。周恩来看到这种情况便常常叮嘱仿膳的工作人员：“一定要保留中国宫廷佳肴的烹制技艺，要搞好传、帮、带，把清宫传统名菜的烹调技艺继承下来。”在那个年代，周恩来的这句话无疑是对仿膳宫廷菜传承工作的莫大支持与激励。

周恩来最后一次到仿膳饭庄时病情已经恶化。他只喝了一杯茶，陪着夫人邓颖超吃了饭，临走前又与在场的服务人员合影留念。1976 年总理去世的消息传来，仿膳的工作人员都聚集到周恩来与大家合影的花园护栏旁失声痛哭。时过境迁，这张合影依旧保存完好，作为总理与仿膳的珍贵留念。

(3) 溥杰与仿膳的宫廷菜

1959 年国庆十周年之际，我国政府特赦第一批战犯。清朝末代皇帝溥仪和弟弟溥杰也相继被获得释放。北京市委统战部在北海仿膳为他们安排了一顿饭，统战部部长廖沫沙等领导也出席。饭前，统战部的同志提前给仿膳的“御厨”们做工作，见到溥仪、溥杰时不要请安、下跪，如果想见溥仪，可以在远一点的地方看看。入席后廖沫沙说：“你们兄弟俩今天见面了就应该高高兴兴的，不是多年没吃你们的风味了吗？今天有你们的特色点心，好好吃一顿。”溥杰由于刚刚获释，比较拘谨，几乎没有吃东西。他手中拿着笔记本，将各位领导的话一一记录下来。

1978 年 8 月仿膳饭庄重新对外开放，迎接八方来客，对宫廷菜系进行进一步的开发。于是，请溥杰先生做顾问，进行指导。溥杰虽年事已高、事务繁多，但对于仿膳的邀请欣然接受，爽快地答应下来。在溥杰先生热心的帮助下，仿膳的工作人员多次到故宫查阅了大量清宫御膳房的膳食档案，学到很多清宫菜肴知识。另外，还根据清史专家的意见搜集整理出500多个具有清宫菜点特色的品种，如“金屋藏娇”、“宫门献鱼”、“燕尾桃花”、“满汉全席”、“千叟宴”（图3.2-3）、“大婚宴”、“凯旋宴”等都是当时依据资料制作的菜品。多年来，北海仿膳以一道道精美的菜肴享誉海内外，这其中自然少不了溥杰先生的一份功劳。

图3.2-3 千叟宴图

第4章　北京公园饮食管理

饮食是公园服务功能的补充，公园饮食管理是饮食经营者从经营实际需要出发，使组织一切活动都集中到实现企业经营目标这个轨道上来，保证公园饮食企业有节奏、有次序地正常运转，为获得良好的社会效益和经济效益提供保证的过程[①]。公园饮食管理的主要作用在于协调、控制企业内部的活动，指导经营，在饮食管理中，人员和菜品的管理占了最大的比例，也是最重要的。

公园的饮食业大部分以满足游客游园的饮食需求为目的，大部分以小型快餐式为主，人员及设备较少，管理并不复杂。而北京由于皇家园林数量较多，公园中有着经营宫廷菜的知名饭店，如颐和园中的听鹂馆、北海公园的仿膳、中山公园的来今雨轩，其管理水平相对较高，服务能力较好，是北京公园的特色。正如国务院副总理王岐山在中山公园来今雨轩对公园负责人说，"老字号饮食企业是北京园林文化中的独特亮点，要在积极探索现代化经营道路的同时，注重挖掘其文化内涵，彰显古典园林深厚的文化积淀"。

4.1　公园饮食企业的类型及经营特色

4.1.1　公园饮食企业类型

公园的饮食企业在计划经济年代主要是国有，经过近几十年经济

① 孙丽坤，饮食经营管理，中国林业出版社，北京大学出版社，2010

的飞速发展，从过去国有一统天下改变为国有、私营、合资、股份制等多种形式并存，使得公园饮食市场更加丰富多彩，行业发展走向多元化。

图 4.1–1　颐和园知春亭餐厅

如颐和园中的听鹂馆饭庄、如意饭庄、知春亭餐厅（图 4.1–1）、石舫快餐厅，其产权都归颐和园管理处所有，中山公园的来今雨轩归中山公园管理处管理，在所有制类型上都属于事业单位管理。而在管理体制上这些公园的餐厅主要采取承包制的管理体制，如中山公园为完善承包责任制，1988 年将来今雨轩定位为独立的承包单位，建饮食队，属企业性质，采取独立的核算制度。

而北海公园的仿膳则经历了从私营改为国营，再变为股份制的现代企业管理模式。北海仿膳茶点社原由私商赵仁斋承包，仿照清宫膳食制作一些宫廷糕点。1955 年，仿膳茶社由北海公园正式接收，由私营改为国营，聘请原仿膳厨师，逐渐扩大经营规模，并更名为“仿膳饭庄”。现在的仿膳饭店是全聚德股份有限公司旗下的控股子公司。

还有一种形式是企业通过交租金的形式租用公园场地，通过签订合同来进行经营。如上海静安公园中的巴西烧烤屋、DEEP CLUB、巴厘岛等多家饮食企业；上海中山公园内的御花园；黄兴绿地内的百事乐酒楼。此外地处闹市的人民公园、黄浦公园、复兴公园等，也开设了众多的饮食场所。对这类餐厅，公园管理人员应加强管理，避免其过于注重经济利益而导致公园环境污染和影响游客的正常游览。

4.1.2　经营特色

目前公园中的餐厅经营特色逐步多样化。许多公园一方面实施精品战略，使高档饮食更具品位；另一方面开始走近市民百姓。

在经营特色上，经营皇家宫廷菜肴的公园餐厅主题鲜明，饮食环境幽雅，外观设计、内部装潢、餐具器皿都十分讲究；菜肴选材极为考究，制作工艺细腻，色形俱佳，价位高，服务品质高。如听鹂馆的皇家寿膳具有中国原汁原味的清代宫廷饮食文化特色，把清宫特色的品牌形象展现在世界各国人民面前，使宾客体会到中华饮食文化的博大精深。这些公园餐厅作为各界人士应酬的场所，具有广阔的发展空间。公园餐饮的另一个特点是独有的水上餐厅，将游湖和餐饮完美结合，如颐和园的大型皇家龙船、画舫，便可实现在昆明湖上游湖赏景、宴饮娱乐的境界，并实现了游玩与餐饮的无缝对接。

而一些现代公园的餐厅则以大众化消费为主，有中西式快餐及自助餐等，经营机制灵活，可以有效地控制成本，创造快捷的就餐环境，适合中低档的消费需求。为了满足不同游客的需求，在一些经营高档宫廷饮食的皇家园林也针对一般游客开展了快餐服务，如颐和园餐饮形成以听鹂馆高档酒楼为龙头，以快餐固定经营网点东九间、西九间、知春亭餐厅和颐和园快餐流动外摊为支撑，以如意饭庄中档饭庄为补充的立体的多层次餐饮体系，满足游客和市民的全方位餐饮需求。

餐厅的档次取决于游客的经济收入水平和外出就餐所愿支付的消费额，公园的饮食企业应通过对游客进行市场调查，如旅游资源、游客类型等来决定餐厅类型。

部分公园餐厅的企业类型及经营特色　　表4.1–1

公园	餐厅	企业类型	经营特色
颐和园	听鹂馆	国营	中餐、宫廷菜
北海公园	仿膳	股份制	中餐、宫廷菜
北海公园	御膳	国营	中餐、宫廷菜
天坛公园	旻园	国营	中餐、宫廷菜
北京动物园	豳风堂	国营	小吃，快餐，冷热饮
香山公园	松林餐厅	国营	大众家常菜
紫竹院公园	竹韵餐厅	国营	大众家常菜
恭王府	四川饭店	股份制	四川菜
北京植物园	卧佛山庄	国营	中餐，鲁菜、京菜
青年湖公园	玉馔堂谭家菜	私营	官府菜
越秀公园	雍雅山房	私营	鱼头火锅
承德避暑山庄	蒙古包度假村	私营	宫廷御膳及野味，蒙古宴为主

同时，由于公园餐厅环境的特殊性，与社会餐厅在经营特色上也有着很大区别。如大多数公园由于受开放时间的限制，无法为游客提供早餐，而晚餐也只是专门为宴会提供，普通散客无法在公园内享用晚餐。而且公园餐厅大多位于公园内部，有的甚至需要步行较远的距离才能到达，具有一定的交通不便性。虽然这些限制使公园饮食业在经营上与社会饮食业相比较处于劣势，但其优良的就餐环境、餐饮与游览的无缝链接、周到细致的服务仍然吸引着大量的顾客。

4.2 公园餐厅的组织结构设置与职能

组织结构是为完成经营管理任务而结成的集体力量，在人群分工和智能分化的基础上，运用不同职位的权利和职责来协调人们的行为，发挥集体优势的一种组织形式。饮食生产组织结构的合理设置与安排是优质饮食服务质量的保证，能够极大提高饮食企业的工作效率。

公园饮食企业设立组织结构和管理体制的步骤为：一是设置职能部门、定位管理层次、配备管理人员、确定编制定员；二是划分和确定各部门的职责范围，明确它们的责任和权力，健全规章制度；三是明确机构之间的相互关系、业务联系方式。

一般情况下，公园饮食企业的组织结构如图 4.2–1 所示。在这个组织结构中，饮食经理是餐厅的总负责人，负责餐厅的日常经营管理工作，拟定餐厅的发展规划、餐厅的基本管理制度，组织实施餐厅的年度经营计划，拟定餐厅的财务预算、决算方案等。同时餐厅设副经理、经理助理等协助经理开展工作。

行政总厨是厨房的总负责人，对餐厅经理负责，负责厨房的全面工作。中西餐主厨负责本厨房的全面工作，下属的领班要求全面掌握本菜系的烹饪技术，其管理的各点厨师包括热菜厨师、打荷厨师、粗加工厨师、细加工厨师、蒸锅厨师等，各点厨师对各自的领班负责。

餐厅组是餐厅为宾客提供优质服务的一线班组，餐厅经理负责餐厅的管理工作，直接下属为各餐厅领班，各餐厅领班的直接下级有餐

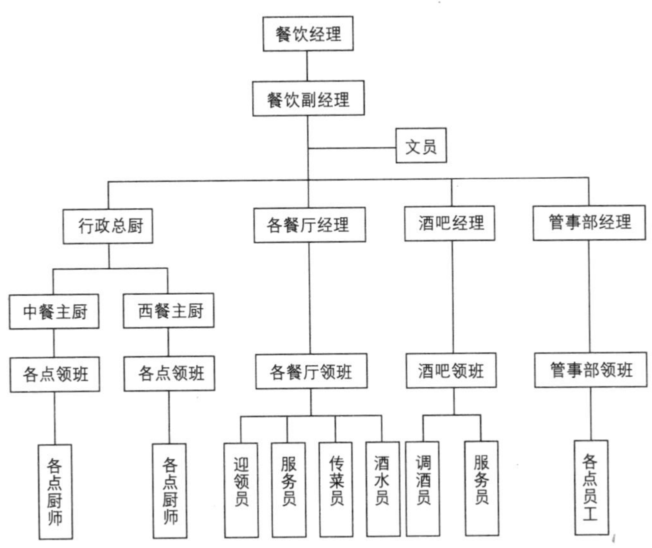

图 4.2–1　饮食部门组织结构图

厅领位员、餐厅服务员、餐厅传菜员、洗碗工等。

除了厨房和餐厅组，餐厅比较重要的部门还有负责饮食原料采购、验收、保管等业务的采供部，负责财务工作的财务部，负责公关营销等的业务部等。

不同公园餐厅由于管理属性的不同和经营菜品的不同，组织机构会略有差别。如颐和园管理的听鹂馆餐厅，由于属事业单位管理，相对于企业化的餐厅，增加了党支部、纪委、工会、团支部等党政部门，党支部和总经理负责决策运作。机构设置主要包括办公室、人事保卫部、业务部、财务部、市场销售部、纪委、工会、团支部、餐厅组、红案组、面案组、冷荤组、采供组、后勤组、洗碗组。业务部负责业务洽谈、迎宾领位等；营销部负责市场营销方案的策划和组织实施；餐厅组负责餐厅的服务工作；红案组负责菜品的出品质量工作，以保持和发扬听鹂馆的宫廷风味特色；面案组负责宫廷点心的制作；冷荤组负责冷荤菜品的制作；采供组负责各种原材料和商品的采购。

4.3 公园餐厅的环境与特色服务

环境气氛是指饮食企业服务生产和消费场所的具体装饰布置及其所产生的气氛。宜人的环境气氛能够增进顾客进餐时的愉悦，从而产生美好的印象。

公园饮食企业大都占据公园中景色最好的地段，优雅的就餐环境是公园餐厅的特色之一。公园环境作为公园饮食企业最具有竞争力的优势之一，不但环境整洁、美观，生态环境优良，而且大多数具有鲜明的文化品位。尤其是在历史名园中的餐厅更是具有着得天独厚的优美环境和历经岁月沧桑的历史积淀。

如皇家御苑颐和园中的听鹂馆饭庄（图 4.3–1）始建于 1750 年，坐落在万寿山南麓，前隔长廊，面临碧波荡漾的昆明湖，背靠万寿山上著名的“画中游”，门前翠竹掩映，海棠、玉兰迎宾，景色宜人。光绪年间这里就成为慈禧太后宴请外国使臣，和其宠臣、妃嫔们看戏、听音乐、饮宴的重要场所。得天独厚的古建戏台，重现当年慈禧太后及其宠臣边饮宴边看戏娱乐的场景（图 4.3–2），餐厅内雕梁画栋，宫灯高挂、古色古香的红木家具呈现出富丽堂皇的皇家气派。清

图 4.3–1 颐和园听鹂馆外部环境

图 4.3-2　听鹂馆大戏台

亡后，颐和园听鹂馆被辟为接待国民党和无党派人士的特殊场所，清宫御厨延续着清宫廷菜的制作技艺。现在的听鹂馆饭庄占地6000余平方米，营业面积2700m^2，共有“寿膳厅”、“福寿厅”、“贵寿厅”、“药膳厅”等大小餐厅8个，可同时接待500余人就餐。听鹂馆得天独厚的经营条件给用餐客人以高贵、典雅的享受和身份的象征，成为其吸引中外宾客和各国领导人体验正宗中国文化的场所。

位于北海公园内的仿膳饭庄，位于北海南岸漪澜堂、道宁斋内。所处环境依山傍水，是琼岛脚下的一组古老宏伟的建筑，餐厅内部配有宫灯及硬木雕龙家具，还有仿光绪年间彩绘的“万寿无疆”餐具、茶具，彰显宫廷特色。

北海公园的另一家宫廷风味饭店——御膳，原址为乾隆年间修建的御膳堂①。位于北海太液池北岸，依山傍水，往北即九龙壁。这里就餐环境典雅优美，有

① 清代皇宫内设“御膳房”，即专为皇帝做饭的地方，御膳房由主管官员和太监总管。下设“荤局”、“素局”、“点心局”、“饭局”、“包吃局”（专做烤猪、烤鸭等）等专业局。厨师、厨役有300多人，他们技艺高超，各有专长。

图 4.3–3 卧佛山庄

身着宫廷服饰的服务人员为客人服务。

位于中山公园内的来今雨轩始建于 1915 年，其环境被描述为："轩（社稷坛）外东南隅建大厅五楹，环厅四出廊，厅后置太湖石山景，为广东刘君所叠，厅前置石座湖石，原拟为俱乐部，嗣后改为餐厅"，可见餐厅四周环境优美，景色宜人，是就餐的理想场所。现今的来今雨轩正厅装饰金碧辉煌，名人书画悬挂四壁，古色古香，高贵典雅，是我国领导人接待、宴请国际贵宾的重要场所。

地处植物园内的卧佛山庄素菜馆是非常有名的素斋餐厅，菜馆与所处环境浑然天成，小桥流水，亭台楼阁，仿佛丝毫不受尘世打扰（图 4.3–3）。

其他公园也都具有各自的特色和优势，公园的饮食企业应该在这些环境优势上多做文章，利用自身的环境优势塑造独特的企业文化，以提升餐厅的品牌价值。企业文化作为企业全体人员所共有的一种行为表现、思维方式和行动方式，是一个饮食企业区别于其他饮食企业的重要标志，可以理解为"将一个企业连在一起的共同哲学、思想、价值观、设想、信仰、态度和行为规范"。公园饮食企业文化形成的重要来源是公园的历史或环境，如听鹂馆饭庄独特的企业文化，在于清代宫廷饮宴和娱乐场所、传承清宫宫廷礼仪、特色宫装服务、传统的宫廷菜品及典故讲解等。

需要注意的是，皇家园林不宜引进洋快餐店，虽然洋快餐店受到广大游客的欢迎，可以保证其经济收入，但从公园环境和氛围角度考虑，它会破坏皇家园林的整体风格，如曾经在故宫经营过的星巴克和北海公园的肯德基都是不太成功的例子。

同时处于公园的餐厅应该对所占用的公园古建筑严格保护，如果保护不当将造成严重的财产损失。

如颐和园听鹂馆饭庄经营场所的古建筑群，属国家级文物保护单位，其制定的古建管理规定如下：

(1) 制定《古建筑保护管理规定》，每年投入资金用于维护保养修缮房屋，确保古建筑完好。配电、锅炉、燃气、库房等设备物资重点部位，由专人负责严格执行操作程序和出入库手续。

(2) 强化保护古建意识，对新来职工要进行此方面的培训，使培训员工熟记《防火安全制度》和《火源管理规定》等保护古建筑的规定，部门负责人要坚持检查落实，确保安全，并制定严格的《处理突发事件办法》。

(3) 在维护修理、修缮时，禁止拆动结构、保护原有风貌。任何人不允许往古建筑上钉钉子，绑钢丝等。每年利用业务淡季油饰门窗、圆柱，天花板贴金等。

4.4 公园餐厅的饮食生产管理

饮食生产也可称为"厨房生产"、"食品加工"，饮食生产作为餐厅向客人提供食品的生产加工过程，直接关系到菜肴的质量，对饮食经营状况的好坏至关重要，必须要有严格的管理机制。

依据公园餐厅的饮食生产流程，公园餐厅饮食的生产管理主要包括饮食产品设计管理、原材料采购管理，原材料验收管理，原材料库存管理，原材料发放管理，加工烹调管理，销售管理等环节。

4.4.1 饮食产品设计管理

饮食产品的选择既要考虑到产品的获利大小、目标顾客的需求、体现企业实力的招牌菜，还要考虑到菜品的平衡问题，各类型的公园饮食企业应综合考虑这些情况进行菜品的选择和设计。

在公园的饮食菜品中，有一类是特殊的菜肴，即宫廷菜肴，这些菜肴是继承下来的，也是以经营皇家膳食的饮食企业的招牌菜。经营这些菜肴的饮食企业首先要对其进行继承，保证其原汁原味的特色。如北海仿膳饭庄在几十年的经营中，为了确保传统菜点的质量特色，坚持按传统质量标准制作，如肉末烧饼、豌豆黄、芸豆卷等，一直坚持手工操作保持了传统特色与口味。

同时，不断进行菜品创新，提高公园饮食的社会、经济效益也是公园饮食业管理面临的新课题。因为顾客不断求新求变，消费需求也越来越高，顾客不仅要求口味的多样化，形势在逼迫饮食企业不断创新，也在逼迫厨师必须不断创新，并不断挖掘自身所拥有的潜力，以求在激烈的竞争环境中处于不败之地。众多公园的饮食企业已经在这方面进行尝试，并取得了很好的效果。

如听鹂馆在挖掘、继承传统的宫廷膳食的同时，注重开拓、创新，为老店注入了新的活力。听鹂馆根据寓意与营养成分的不同，整理出由六景组成的“满汉全席”，将历史典故同满汉全席相结合，有祝福延年益寿的“万寿无疆席”；有祝福吉祥如意的“福禄寿禧席”；有象征太平盛世的“江山万代席”；有注重营养保健的“延年益寿席”等等。

听鹂馆饭庄还在宫廷寿膳膳单中，将具有食疗功效的菜点加以承袭和发展，推陈出新了具有不同滋补功能的宫廷滋补药膳。药膳集药物治疗的食品烹饪为一体，美味佳肴不仅给人以口腹的享受，而且通过膳食中的药物成分自然消化吸收，达到保健强身，防病去病，滋补益寿之功效，受到国内外宾客的青睐。满清皇族爱新觉罗 · 毓桓继明先生在品尝了听鹂馆的宫廷药膳后，满怀豪情地写下“中国宫廷滋补药膳”的匾额（图 4.4–1）。听鹂馆为中国药膳研究会的常务理事

图4.4-1 "中国宫廷滋补药膳"匾额

单位之一，且为中国药膳研究会全国第一家药膳定点餐厅，拥有药膳指导师和多名药膳厨师，在弘扬华夏饮食文化，挖掘药膳的烹饪技艺方面做出了突出的贡献。

4.4.2 原材料采购管理

食品原材料采购是指采购部门根据饮食企业的生产需要和计划，以合理的价格从供应商处购得安全可靠的、符合规格标准的、预订数量的食品原材料。食品原材料采购是保证企业生产经营正常进行的必要条件，是保证饮食产品质量的重要环节，同时也是控制成本的重要环节。

食品原料的采购管理既包括对采购组织、采购人员的管理，又包括对采购程序、采购计划、采购活动以及采购资金的控制，主要包括编制采购计划和采购两个步骤。

（1）编制采购计划

原料采购需首先编制采购计划，制定采购规格标准，包括采购的项目、规格、单位、数量、质量要求等。

编制采购计划的一般程序首先是由最基层的使用单位的主管、领班进行起草，他们是最了解具体原材料需要量的人员。基层班组提出计划期内对各类原材料的需要品种以及需要数量后，部门对班组意见进行审核，提出本部门计划期内对各类物资的需求，再上报餐厅的采购部。

采购部对各部门的采购计划进行汇总，逐项检查每种原材料的库存量和实际需要采购的数量，从而编制出完整的采购计划。

财务部对采购部的采购计划进行审核，将采购计划与饭店预算相比较，调整其中不符合预算的部分，使采购计划更为合理。

最后，采购计划要由饭店总经理或分管经理审批，以平衡整个采购计划。

在采购计划中，食品原材料的数量对饮食企业来说至关重要，饮食企业必须制定每种食品原材料的采购数量标准。数量过多，会造成基金积压，增加库存成本，而且会造成原材料的变质，甚至引起偷盗；而数量过少，又会造成原材料供应不上而难以满足宾客饮食需求的局面，并且会导致采购次数的增多而增加采购费用。

（2）采购

制定好采购计划之后，饮食企业指定专门机构（采购部）、专职人员（采购员）根据采购规格和价格选择合适的原材料供应商进行采购。供应商是饮食企业的生命线，供应商的信誉、稳定程度以及合作意愿是饮食企业食品原材料采购的有效保障。供应商选择不当，会严重影响餐厅产品质量和饮食企业的正常运行。主要的选择标准有以下几点：

1）企业资质：采购必须按照严格的采购规格标准，饮食原材料的质量直接影响饮食产品的质量，符合标准的原材料既可保证厨房的生产需要，又可降低饮食成本。因此在采购时要严格检查原材料供应商有无卫生许可证，以防止购进不符合卫生标准的原材料产品。

2）企业信誉：企业信誉包括产品信誉、服务信誉、竞争信誉、财务信誉等，饮食企业要选择信誉良好的供应商。

3）交易条件：交易条件主要考虑食品原料的采购价格、产品的折扣优惠、付款期限、交货能力等。饮食采购部门可通过一定的手段和方法控制采购价格，如即时购买法、预先购买法、竞争报价采购法等。此外，还有集中采购、联合采购、合作采购等，无论何种采购方式最终目的都是为了降低采购的价格。

4.4.3 原材料验收管理

原材料验收管理是对采购食品原材料的质量、数量、价格以及其他标准进行控制的重要环节。

验收员的配备也是整个验收工作的关键。大型饮食企业一般设有专职的验收人员，而小型饮食企业的验收工作则由仓库保管员、厨师长或其代表兼任。验收员应具备正直的思想品格、强烈的责任心、丰富的食品原材料知识，并熟悉财会制度。公园餐厅对原材料验收大都有严格的规定，如中山公园来今雨轩饭庄规定采购的原材料必须由采购员与使用部门共同检查验收，验收合格后方可入库，仓库主管负责每周一次抽查。

原材料的验收标准主要包括数量控制和质量控制。

验收的质量控制：验收人员应对照采购单和订购单的详细说明，结合企业制定的《采购物资质量标准》进行验收。如是鲜肉类货物，应当查验检疫合格证明，无合格证明的拒绝接受。

验收的数量控制：验收人员应当根据采购人员提供的当日订购单上写明的数量如实进行验收。数量差异应控制在订购数量的 10% 左右。产品若有外包装，先拆掉外包装再称量；对于密封的箱或其他容器的物品，应打开一只做抽样调查，查看里面的物品数量与重量是否与容器上表明的一致。但对高规格的食品原材料仍需全部打开逐箱点数；对于未密封的箱装食品原材料，应该对每箱仔细点数、称重。

验收完毕后，验收员根据验收情况填写验收单并签字，然后由采购员签字，以明确责任，最后由库管员签字，根据原料要求入库。

4.4.4　原材料储存管理

所收到的食品原材料，一部分为直拨原材料，直接送到厨房或用料地点，另一部分则送到库房进行存储。

原材料的库存是食品原材料控制的重要环节，它直接关系到饮食产品的生产质量、生产成本和企业的经营效益。良好的库存管理，能有效地控制食品成本，如果控制不当，则会造成原材料变质、腐坏、库存积压，甚至还会导致贪污、盗窃等事故。

(1) 食品原材料的存放

饮食原材料应分类存放，同时控制库存的数量和时间，遵守仓库管理制度，以确保库存原材料的安全。不同的饮食原料具有不同的库存要求，常见的库存方法有干藏、冷藏和冻藏。

(2) 库房管理制度

仓库除管理人员和因工作需要的有关人员外，任何人未经批准，不得进入仓库。因工作需要需进入仓库的人员，在进入仓库时，必须先办理进入登记手续，并要有库管人员陪同，严禁独自进入。仓库内不准会客，不准随意带人到仓库范围参观，不准代人保管物品。

保持仓库适宜的存储环境，原材料及时入库、定点存放。所有货品应标注货品入库的日期，以便于库管员根据货品入库先后发放货品，货品发放应坚持先进先出的原则。

各库存的物品，必须按照物品的属性和具体物品的保存要求分类或专门存放，严禁将不同属性和不同存放要求的物品混存。

及时调整原材料位置，减少原材料的腐烂或霉变损耗。并进行定时检查和定期盘存。

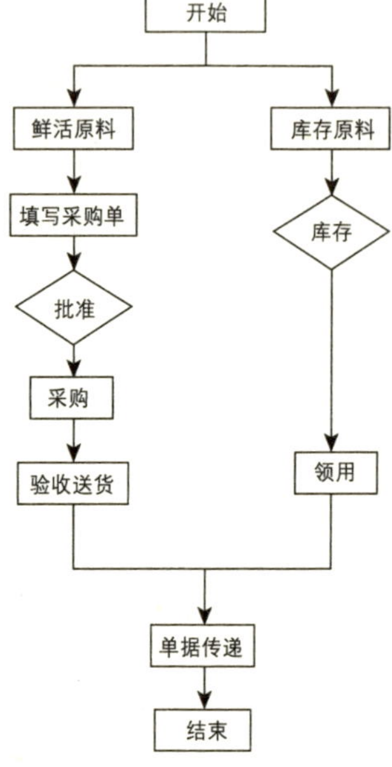

图 4.4–2 中山公园来今雨轩饭庄的厨房原材料领用流程图

4.4.5 原材料发放管理

原材料的发放数量直接影响每天的食品成本额，饮食企业必须建立完善的申领制度和制定科学、合理的原料发放程序，以满足厨房的生产需要。材料的发放包括直接原料的发放和仓库原料的发放（图 4.4–2）。

直接发放是指食品原料经验收后不进入库房而直接进入厨房用于生产。直拨料发放一般是在食品原料验收结束后，在验收员、采购员和库管员在入库验收单上签字确认后，由厨房人员填写领料单经库管员签字后直接领走，库房一般设有专门的原料库房。

仓库原料的发放首先由领料人填写领料单，领料单是各部门根据需要到库房领用所需物品的单据，内容包括品名、单价、规格、请发量、实发量、金额以及领料人和库管员的签名。领料人填写完以上栏目后，签上自己的姓名，然后请负责主管人员签字进行审批。完成领料单的审批工作之后，领料人凭领料单到库房领货，库管员对各项进行认真审核确认无误后发货，之后库管员要在领料单的发货人处签字。库管员妥善保管所有的领料单，领料单的发出与使用都要有严格编号控制制度。

4.4.6 厨房的生产管理

原材料进入厨房之后，经过厨房的几个具体加工、制作环节，原料成为成品（图 4.4–3）。经过传菜，进入餐厅（图 4.4–4 ～图 4.4–7）。

厨房的生产管理主要有做好开餐前的组织准备、控制菜品质量及抓好成本核算等工作。

（1）开餐前的准备管理

在开餐前厨房应向所有厨师通报客源情况，公布菜单，并合理安排员工；检查各班组的准备工作完成情况，发现问题及时解决。

（2）菜品质量管理

餐厅应制定质量保证体系，设立质量标准监督测评机制，以保证产品质量始终如一。饮食企业的质量控制措施主要有以下几点：

1）提高厨师的质量意识。厨师的质量意识是菜肴质量的保证，较强的质量意识可以提高厨师的工作责任心并改善其工作态度。因此，饮食企业必须定期开

图 4.4–3　听鹂馆厨房中传承人制作寿桃

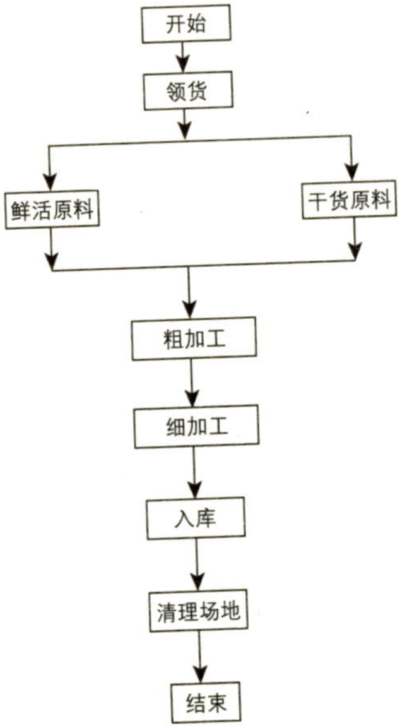

开始
领货
鲜活原料
干货原料
粗加工
细加工
入库
清理场地
结束

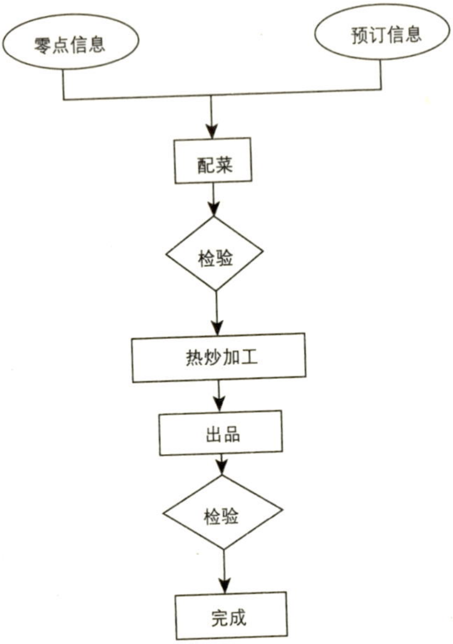

零点信息
预订信息
配菜
检验
热炒加工
出品
检验
完成

每日按菜谱进行加工
宴会团队菜单
零点菜单
半成品
检验
切配
储存
装盘
成品
检验
结束
交传菜

开 始
和 面
发面和造型
烘烤和烹制
储 存

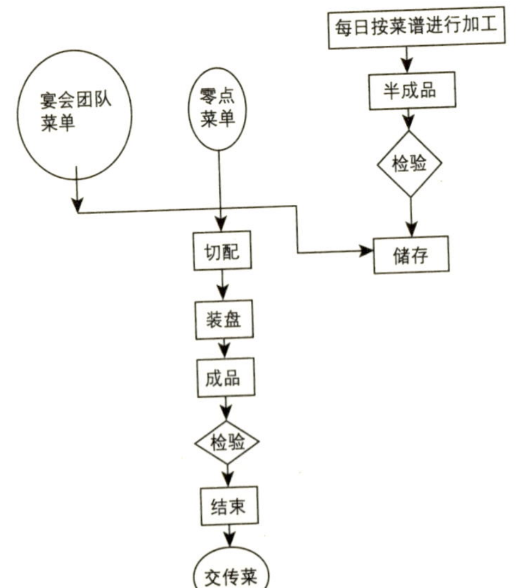

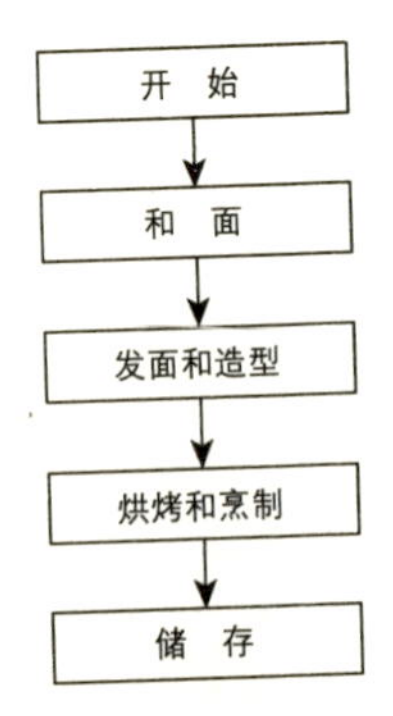

图 4.4–4 中山公园来今雨轩饭庄食品粗细加工流程图（上左）
图 4.4–5 中山公园来今雨轩饭庄热菜加工流程图（上右）
图 4.4–6 中山公园来今雨轩饭庄冷菜加工流程图（下左）
图 4.4–7 中山公园来今雨轩饭庄面点制作流程图（下右）

展质量教育，使所有厨房工作人员树立标准化观念、专业化观念和学习创新观念。

2）设立质量监督体制。管理人员应定期抽查菜肴质量，发现问题及时解决。同时，餐厅的传菜员在取菜时应检查菜点质量，做到“五不取”，即数量不足的不取；温度不适的不取；颜色不正的不取；调、配料不全的不取；器皿不洁、破损或不符合规格的不取。

3）建立投诉反馈制度。一旦遇到客人投诉菜肴质量问题，餐厅应该及时将问题反馈至厨房。厨房接到投诉，要先解决客人的问题，但在此后必须分析出现质量问题的原因，并提出解决问题的方法，以免今后出现类似的问题。

对于菜品的质量控制，颐和园听鹂馆饭庄制定了严格的菜品质量标准及奖罚制度。如对于菜品的制作有如下要求：

“所有菜品一律不提前预制（泥子活、费工、费火、费时的菜除外）。比如像香桃鸽蛋、香桃鸭方、香酥鸡等类似菜肴，不能事先炸好，必须现走上锅。”

“案上要合理安排原料的准备数量，做好计划，有些需要上浆、挂糊的原料，用多少准备多少，当日用完，保证新鲜，以免造成变质和菜品口味的怪异，影响菜肴的质量。”

而有下列情况的责任人会得到相应的惩罚：“案上切配人员刀工粗糙，配料随意，不符合质量标准要求”、“厨师在烹制菜肴的过程中，未严格执行质量标准，被客人投诉的”、“食品加工、不按投料标准下料或以次充好，造成浪费现象的”。

中山公园来今雨轩饭庄对于菜品质量同样有着严格的控制，制订和使用了标准菜谱。餐厅的各厨房对每款菜式都制定详细的投料及烹饪说明书，具体规定菜肴烹饪所需的主料、配料、调味品及其用量、烹饪方法、拼摆要求、制作时间等；在制作中严格要求厨师按标准制作，保证菜肴成品色、香、味、形等方面的一致性，即一菜一卡。

（3）菜品成本控制（图 4.4–8）

在保证菜品质量的同时，厨房管理还应做好成本的核算、控制。

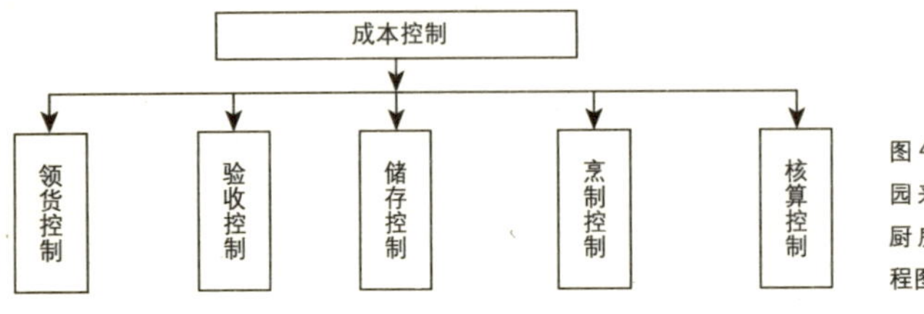

图 4.4-8　中山公园来今雨轩饭庄厨房成本控制流程图

厨房应根据核定的毛利率控制饮食成本，在保证宾客利益的前提下，尽量节约，并减少浪费。厨房工作人员应对所有原辅材料进行成本核算，并对产品生产全过程进行成本控制。如来今雨轩饭庄对于成本控制从以下五方面着手：

中山公园来今雨轩饭庄厨房成本控制程序表　　表 4.4-1

工作程序	控制要点	标准
领货控制	1. 制定原料规格标准； 2. 根据营业需要和市场情况确定申购单和领货单	严格控制领货数量
验收控制	1. 核对采购单的数量、质量、价格； 2. 核对采购单与交货数量质量	填写进货单要清楚
储存控制	1. 分类储存； 2. 定期检查； 3. 先进先出按单提货；定期盘存	1. 保持清洁安全； 2. 物品摆放整齐
烹制控制	1. 制订损耗率、出成率； 2. 制订每日生产计划； 3. 制订领货标准	按领货标准进行生产
核算控制	1. 申购控制； 2. 每日审核申购、领货单据和凭证； 3. 记入厨房成本； 4. 成本及销售复核； 5. 成本信息反馈	定期盘库

（4）厨房设备管理

厨房设备是厨房进行食品生产的物质基础，是制作菜肴的物质条件，餐厅应加强厨房设备的维护与保养。厨房应建立健全设备的操作规程，将所有设备按专业化分工定岗使用，加强设备的维护与保养，确保其正常运行。

中山公园来今雨轩饭庄厨房主要电器设备

操作注意事项程序表　　表 4.4–2

工作程序	控制要点
接电源	检查设备是否漏电，如果漏电应马上切断电源，报工程部维修
操　作	严格按设备说明书规定要求操作
清　理	1. 使用完毕必须进行清洁，清洁必须干净。不能有食品等； 2. 柜内存藏食品摆放要整齐，品种分类，分格存放，生熟分开，冷藏冷冻温度合适，下班后应擦净冰柜外表没有污迹
切断电源	下班前除冰柜外一切厨房电器设备均应切断电源方准下班

(5) 厨房安全管理

饮食企业首先必须保障各种硬件设施安全、有序地运行，保证使顾客得到方便、舒适的用餐享受。

厨房不安全因素主要来自主观、客观两个方面：主观上是员工思想上的麻痹，违反安全操作规程及管理混乱，客观上是厨房本身工作环境较差，设备、器具繁杂集中。故而要从以下几方面加强管理：

1) 加强对员工的安全知识培训，克服主观麻痹思想，强化安全意识。未经培训的员工不得上岗操作。

2) 建立健全各项安全制度，严格按照生产操作规程工作，使各项安全措施制度化、程序化，避免事故发生。特别是要建立防火安全制度，做到有章可循、责任到人。

3) 保持工作区域的环境卫生，保证设备处于最佳运行状态。对各种厨房设备采用定位管理等科学管理方法，保证工作程序的规范化、科学化。

4.4.7 销售管理

公园饮食企业对销售的管理，一是要注重销售成本的控制，二是要采取合适的销售手段。

(1) 销售成本的控制。对点菜单的严格控制，对服务过程的控制，对收款的控制。

点菜单的控制：饮食企业在接受客人的点菜时，应要求所有服务人员必须填写点菜单，充分利用点菜单来控制成本。服务人员应使用圆珠笔或钢笔填写菜单，如填写错误，应该划掉，而不应擦掉；点菜单填写完毕，应经过收款员签章后再送入厨房，厨房不应烹制未经收款员签章的点菜单上的任何菜单；点菜单必须编号，以便出现问题后可立即查明原因，并采取相应的改进措施；厨房、收款员、传菜服务员等应将点菜单保存好备查；严格控制点菜单，避免服务人员用同一份点菜单两次从厨房取菜；更应避免服务人员在收款员签章后的点菜单上任意添加菜单而造成成本增加。

服务过程控制：饮食企业应建立并健全各项管理制度，以防止或减少由员工贪污、盗窃等引起的成本上升。通过开展员工业务培训，力求不出错或少出错，从而尽量降低食品成本。

收款控制：加强对收款员的业务培训，提高其业务能力和工作责任心，以防止收款员漏记或少记点菜单上的菜点价格，在客人结账时做到核算准确；健全各项财务管理制度，并严格执行，严防收款员和其他工作人员的贪污、舞弊行为；财务部门应每天审核账台的"营业日报表"和各种原始凭证，以确保饮食企业的利益。

（2）采取合适的销售手段

饮食企业经营观念的发展经历了从以生产者为中心的传统观念发展到以客人为中心的现代观念时期。营销就是将人、产品、价格、促销、包装等营销要素进行不同的组合。饮食销售管理是指饮食经营者为实现饮食经营目标而展开的一系列有计划、有组织的活动。饮食企业首先应做好市场定位，决定用何种产品和服务来满足市场的需求，并正确预测饮食市场、制定经营销售决策、研究消费者购买心理和饮食产品的推销形式与技巧、精心策划促销方案等。

成功的促销手段会加强客人的忠诚度，吸引顾客继续上门，从而使餐馆获得丰厚的利润。如某菜馆位于某市市中心地段，周围有许多政府机关和企事业单位、公司等。为吸引这些单位经常光顾就餐，该菜馆在年初即派公关销售人员上门推销，承诺每累计消费 5000 元即赠送 500 元的饮食消费券。这一累计消费优惠活动开展以后，每当附近的公司及其他单位有客户需要宴请时，均会光临该菜馆，使该菜馆的营业额始终创造新高。在年终，该菜馆举办常客联谊活动，除赠送纪念品外，还虚心听取常客们对菜馆的菜肴、服务等方面的意见和要求。几年下来，该菜馆的生意一直欣欣向荣。虽然公园餐厅的顾客以一次性的游客为主，流动性较大，但还是有比较固定的客源，如附近的居民、慕名而来的市民等，这种推出会员卡或优惠券的活动在公园餐厅里值得大力推广。

为了吸引更多的顾客，公园饮食业，尤其是有悠久历史文化的公园餐厅，具备其他餐厅所无法比拟的优势，因此公园饮食业除开展打折优惠、奉送赠品、美食节推销、特价菜促销、节假日推销、展示会推销、娱乐比赛推销等传统促销方式外，可以采取文化创意的方式来提高销量。如听鹂馆、仿膳、旻园等公园餐厅借助传统的建筑外观，宫廷氛围的内部装修环境来吸引客人，同时身着清宫特色服饰的服务人员为宾客讲解菜品的典故和趣闻（图 4.4–9），也是吸引顾客的经营特色之一。听鹂馆为了适应不同层次游客的需求，把原来昂贵的皇家饮食分成高中低档系列宫廷菜肴，并可零点，满

图 4.4–9 听鹂馆特色宫廷古装服务

足不同消费层次的需要。仿膳饭庄为了充分利用皇家园林资源，首次将宫廷皇家宴搬上龙舟，在北海公园太液湖上为京城老字号饮食品牌造势，推出了"乘龙舟游太液湖，赏美景品皇家宴"服务项目让游客在乘龙舟游太液湖的同时，品尝宫廷御膳。在饮食业竞争日趋激烈的情况下，公园饮食企业应努力创造自己的经营特色，以吸引更多的客人，例如加快企业的信息化管理，通过打造饮食管理平台，拓展网络空间，开展网上连锁商务宣传，使老品牌通过网上连锁经营手段得以有效发挥，充分展示了百年老店的风味名品、饮食文化和时代风尚。

4.5 公园餐厅的人员管理

对于公园饮食企业来说，其生产和销售的产品主要包括两大组成部分：其一是有形的菜点，其二是无形的人员服务。前者可以满足顾客生理上的需要，后者则可以满足顾客心理和精神上的需要，使顾客在受尊敬、受礼遇方面的需求得到满足。

饮食企业优质的服务质量能够极大提升顾客饮食的被服务质量，支撑起餐厅的价格水平和相对稳定的客源，从而提高餐厅的市场占有率和盈利水平。实践证明，管理越到位的饭店，其所提供的产品组合中劳务服务所占的地位和比例就越高，实物产品的附加值就越高，整体价值也就越高。

同时优质的饮食服务质量也可以在客人心目中留下深刻印象，加强客人对餐厅品牌的认知，有助于在客人心目中树立起独特的形象。而这种服务质量的提高很大程度上取决于公园餐厅的人员管理。

4.5.1 规范的管理体制

内部规范的管理体系是任何一个饮食企业所不能缺少的。公园饮食企业要建立健全企业内部管理机制，设立规范的劳动合同、员工守则及员工考勤管理，如中山公园来今雨轩对员工的个人卫生制度、岗位要求、考勤等都有着严格的规定。

一般来说，饮食企业对员工有着如下的要求：

- 思想政治要求：良好的思想政治素质是做好服务工作的基础，饮食从业人员应具备的思想政治素质主要有政治上坚定和思想上敬业，坚守职业道德。

- 仪表态度：主要指员工要仪表整洁、举止大方、文明用语、注重礼节、微笑服务。厨师进厨房必须换好工作服，戴好围裙、帽子，工服清洁，发型整齐，不留胡须；餐厅服务员上岗前换好工作服，发型美观大方，不佩戴装饰物。

- 服务意识：服务意识是指饮食从业人员在对客人服务过程中体现出来的主观意向和心理状态，其好坏直接影响宾客的心理感受。服务态度取决于员工的主动性、创造性、积极性、责任感和素质的高低，服务人员要做到主动、热情、耐心和周到。

- 自律能力：自律能力是指餐厅服务人员在工作过程中的自我控制能力。

- 服从与协作能力：服务人员除应服从上司命令外，还应对客人提出的要求，在满足传统道德观念和社会主义精神文明的合理条件下予以满足。

4.5.2 合理安排员工岗位

员工的合理安排对提高餐厅服务质量、提高劳动效率、降低人力资源费用有着十分重要的意义。员工的合理利用主要包括编制定员和劳动定额。编制定员是指确定岗位、确定人员，合理分配岗位，有效使用人力资源；劳动定额是指给岗位人员核定工作量标准，这些都是饮食管理的基础工作。

4.5.3 完善职工培训制度

为提高公园饮食从业人员的专业水平及素养，公园餐厅管理者应适时开展各种饮食业人员培训活动，以提高从业员工的素质和服务能力，适应餐厅发展（图 4.5–1）。

图 4.5–1 听鹂馆厨师技能培训

公园饮食企业应对员工加强以下几方面的培训：

● 应变能力：由于宾客的需求多变，服务过程中难免出现一些突发事件，如员工操作不当引起宾客投诉，要求服务人员具有较强的应变能力，遇事冷静、及时应变，体现出宾客至上的服务宗旨。

● 推销能力：要求服务人员必须根据客人的爱好、习惯及消费能力灵活推销，尽量提高宾客的消费水平，从而提高餐厅的经济效益。

● 技术能力：这种能力要求服务人员具有一定的工作技巧和能力，在提供服务时娴熟掌握服务技能，给宾客带来赏心悦目的感觉，从而提高工作效率，保证餐厅服务的规格标准。如香山公园松林餐厅通过“请进来”的方式提高厨师的炒菜质量，多次请丰泽园特级厨师广南师傅讲学传艺，并丰富了山东菜的经营品种，使菜的色香味形更加纯正。

● 观察能力：服务质量的好坏由宾客在享受服务后根据产生的生理、心理感受来判断，即决定宾客需求的满足程度。要求服务人员在对客服务的过程中具备敏锐的观察能力，随时关注宾客的需求并及时给予满足。

● 记忆能力：餐厅服务人员通过观察有关宾客需求的信息，除了应及时给予满足之外，还应加以记忆，当宾客下次光临时，服务人员即可提供有针对性的个性化服务，这无疑会提高宾客的满意程度。

● 外事服务能力：对于有外事接待任务的餐厅管理者应对员工进行适当的外语培训，各国的历史、地理、习俗、礼仪等知识培训，外事纪律培训，并使员工对餐厅所在公园的情况及餐厅的历史应当有所了解。

在人员的培训中，要区别对待。如中山公园来今雨轩餐厅将员工培训分为两个方面，一是对新招聘员工进行岗前培训，二是对老员工进行在职培训。岗前培训的内容主要是学习饭店的规章制度，基本的岗位知识，实际操作技能，基本的专业知识，以便较快地适应工作；在职培训主要是根据岗位的实际要求学习相应业务，从实际出发，更新专业知识，学习新的业务和技术。同时在员工培训中，强调按计划，分批分阶段，按不同的工种和岗位需要进行培训。

4.5.4 设立合理的奖惩制度

公园饮食企业要建立行之有效的员工激励机制来提高员工的工作积极性。饮食企业要设立合理的职工考核标准，设立合理的赏罚制度和薪酬制度，同时，要引入竞争机制，避免任人唯亲，对于有能力的员工要给予较大的发展空间，尤其对于拥有关键手艺的老师傅要给予高薪。

如颐和园听鹂馆设立的员工奖惩办法规定，“为饭庄争得荣誉的，给予奖励”、“工作中有创新的或提出合理化建议被采纳，使饭店经济效益或工作效率有显著提高的给予奖励”。

饮食龙头“全聚德”则采用减员增效、竞聘上岗的人事制度改革，工资、奖金向一线技术服务人员倾斜，打破国有企业多年来管理机制上存在的痼疾，使各部位人员安排更趋合理。

4.5.5 公园餐厅的名师带徒

公园宫廷菜系、官府菜等传统制作技艺通过名师带徒的方式得以传承，各公园餐厅十分重视并保护这一传统的人才培养模式，同时也积极探索新模式。

如听鹂馆的宫廷寿膳筵席，是在颐和园寿膳房的寿膳膳单的基础上，通过王宝山、陈泉山、刘德俊、王福友、赵德民、黄恩顺、德永顺、冯万顺等老一辈厨师原汁原味地传承，并亲手带出了高级技师、技师

30 余人：有中国面点名师、北京面点大师张矩明；烹饪高级技师、国家高级评委李晓静；中国药膳大师赵志强。名师带徒传承了听鹂馆宫廷风味菜肴选料严格、制作精细、酥鲜可口、形象逼真、营养丰富的寿筵特点，其中的听鹂馆寿膳由于其独特技艺的传承而成功申报了北京市非物质文化遗产（图 4.5–2）。

图 4.5–2　听鹂馆“非遗”宫廷寿膳第三代传承人赵志强

4.6　公园餐厅的卫生管理

公园餐厅的卫生管理，一要保证公园餐厅不会对公园环境造成污染，二要保证餐厅饮食的卫生安全。

餐馆开进公园，要尽量减少餐馆对公园景观和生态环境的污染。公园餐厅经营者要保持公园的环境卫生，不能破坏公园环境，尤其是一些历史名园更要预防这种情况的发生。公园餐厅要有合理的污水、垃圾排放规划，通过安装排污过滤设备用于过滤污水，并向环保部门申办相关手续，避免污染公园的湖泊和土壤。同时，餐馆还应对内部员工严格要求，杜绝有将污水排入湖泊的行为。

公园餐厅的饮食卫生安全关系到广大游客身心健康和生命安全，一旦饮食企业出现卫生问题，会严重地制约着广大消费者到餐厅酒楼消费的热情和积极性，公园饮食企业必须制定严格的卫生管理规范、标准。

在餐厅饮食卫生中，厨房卫生是至关重要的，各公园餐厅对厨房卫生都有着严格的管理规定：主要包括厨房环境的卫生管理，要求厨房各作业区的环境设备清洁，如中山公园来今雨轩餐厅的《厨房各岗位卫生工作程序》对加工间、冷菜间、面点间等都有着严格的控制要点和标准；厨房人员的卫生管理，要求厨房生产人员必须身体健康和注重保持个人卫生；采购、验收、贮藏、领料等卫生管理，要求采购的食品原料必须是未受污染、不带致病菌的，食品原料必须在卫生许可的条件下贮藏，以保证厨房生产出来的产品具有安全性；同时，厨房在食品生产的过程中必须符合卫生条件；餐、茶、酒具也要严格按洗消毒程序进行，达到“光、洁、涩、干”，无商品味；在销售中要时刻防止污染，将食品安全可靠地提供给客人。

颐和园听鹂馆制定的《卫生管理条例》对厨房卫生有着严格的规定，并列入奖惩制度：“客人进餐中吃出异物，如头发、木棍、塑料、纸、铁丝、订书钉等杂物，经调查核实准确后，第一次只发其当月奖金的 90%，第二次只发 80%，第三次只发 70%。如菜品中发现苍蝇、蟑螂、虫子等有害赃物，只发责任人当月奖金的 50%。”

此外，一些现代公园的餐厅也可采取开放式厨房设备：顾客通过玻璃幕墙，直接看到厨房烹调的过程，对食品的卫生十分放心，能增加食欲。

4.7　公园饮食财务管理

公园饮食企业在财务管理上一方面要建立健全财务制度，另一方面需要控制成本，以提高经济效益。

建立健全财务制度是公园饮食财务管理的重要内容，主要包括预算管理，资金管理，建立健全财会管理规程。

预算管理可优化企业的资源配置，全方位地调动企业各个层面员工的积极性。如颐和园听鹂馆餐厅成立预算委员会进行预算管理，包括经营预算、财务预算、投资预算等。预算指标主要包括营业收入、费用总额、实现利润、实现税金、资产总额、净资产总额、职工工资总额、期末职工人数、费用水平、资产负债率、净资产收益率和人均实发工资等。

在现金的管理上，听鹂馆有如下规定：1. 严格执行国家《现金管理条例》及其实施细则，不得随意突破由开户银行审定的库存现金限额，超出限额的库存现金，必须及时送存银行。2. 确定严格的现金支付范围。建立健全现金日记账，随时逐笔记载现金收付业务。现金账、款日清月结，保持账款相符。3. 财务部存放现金，不得超过规定数额，因特殊情况滞留超额现金过夜时，应安排专人看管，采取严密的防范措施。4. 记账人员和出纳人员要分清责任，即"钱账分开"，不准一人监管。

饮食企业要注重会计档案管理。会计档案是指会计凭证、会计账簿和财务报告等会计核算专业资料，是记录和反映单位经济业务的重要史料和证据。加强会计档案管理，保证会计档案的完整，保管好、利用好会计档案，充分发挥会计档案的作用。

饮食企业同时应抓好企业内部的成本控制，以取得预期利润的经济效益目标。饮食成本是指饮食企业一个生产和销售周期的各种耗费或支出的总和，饮食成本主要产生在采购、贮藏、加工和出售等环节产生的直接成本和间接成本两部分，一般包括营业成本，如食品原材料；营业费用，包括饮食企业员工的工资和津贴，各种燃料费、折旧费等；企业管理费，包括饮食企业管理人员的工资和津贴、宣传费、培训费等。饮食企业的成本控制主要有合理安排人员、控制食品、饮料成本等策略。

4.8 公园餐厅的宴会管理

宴会是人们为了一定的社会交往目的，以饮食聚会为表现形式，集饮食、社交、娱乐于一体而举行的正式而隆重的高级饮食活动。公园餐厅里有着数量众多的老字号餐厅及大型饭店，具备举办宴会的能力，如社交庆典、商务款待、婚宴、生日宴、家宴等，一些公园内的知名老字号餐厅，如颐和园听鹂馆、中山公园来今雨轩等都是党和国家领导人宴请外国贵宾举办国宴[①]的主要场所之一。

---

① 国宴是一个国家元首或政府首脑为国家的庆典（如国庆），或为欢迎来访的外国元首、政府首脑，或是来访的外国元首（政府首脑）为答谢东道国政府而举办的一种正式宴会，这是规格最高的一种宴会形式。举办国宴时应在宴会厅悬挂国旗，安排乐队演奏国歌和席间音乐，席间有致词和祝酒。国宴要求礼仪严格、布置考究、安排周密。

宴会根据种类的不同，有不同的特点。公园宴会需求和等级规格的高低是由举办者的宴请目的、宴请理由、主要宴请对象的重要程度、准备达到的宴会影响、出席宴会的主要人物的身份地位、举办者的宴会标准等多种因素决定的。

宴会的服务和管理是影响公园饮食经济效益和社会效益的重要因素。宴会具有一次性销售量较大、对菜品质量要求较高、利润丰厚等特点，是公园饮食企业产品销售的重要形式和重要的经济来源，也是提高企业知名度和声誉的有效形式，历来受到公园饮食经营者的重视。同时宴会也具有服务要求高，强调细致周到，讲究礼貌礼节，对环境布置要求较高，强调隆重热烈，讲究气氛渲染等特点，因此宴会的举办水平代表着一个公园饮食企业经营、管理、服务和烹饪技术的最高水平（图 4.8–1）。

因为宴会的规模和规格，菜点、酒水的种类和数量，用餐标准等都是预先确定的，因此宴会都采取预约的形式，包括电话预约、上门预约等形式。宴会预定要求接待人员热情迎接、仔细倾听、认真记录、礼貌道别。

宴会的管理工作主要有工作安排与人员分工、准备工作的组织与检查、与厨房沟通与协调、宴会过程的控制、宴会后的总结提高等内容。

接到宴会任务通知书后，管理人员应把宴会的情况了解清楚（主要包括宴会的时间、地点、宴会的人数和桌数、宾主身份、姓名，宴会厅布置要求、宴会标准及付款情况，菜点、酒水情况，服务人员的分工，客人的特殊要求和禁忌等），然后根据宴会规模和要求向参与宴会服务的服务人员布置工作任务，明确分工，责任到人。

宴会前准备工作是宴会成败的关键。准备工作包括宴会厅的布置、餐台的式样设计、餐酒用具的领用、酒水的准备、摆台的标准、冷菜的摆放等。管理人员应将所有准备工作考虑周详，督促服务人员完成，并进行详细的检查，保证万无一失。

宴会管理人员必须做好与厨房的沟通，如冷菜的特色、热菜的上菜顺序、所用的餐具、菜肴所附的调配料等。在宴会进行过程中，管

图 4.8–1 公园餐厅的商务宴会接待（左）
图 4.8–2 听鹂馆奥运宴会接待服务（右）

理人员必须根据宴会进程及时与厨房协调，控制出菜的速度。

宴会管理人员应按宴会主办单位的要求来控制掌握整个宴会的时间。根据客人的进餐速度来控制上菜的速度，一般来说，每道热菜的间隔时间在 10 分钟左右。同时要加强巡视，随时控制服务质量，确保宴会服务规格，并及时解决宴会过程中出现的问题。

宴会结束后，饮食企业要总结本次宴会的成功经验，然后加以推广。在总结经验的同时，找出本次宴会的不足，分析产生问题的原因，提出解决办法，以便在下次宴会时改进。

听鹂馆就是成功举办大型宴会的公园餐厅的杰出代表，对宴会举办很有经验，以其良好的服务提高了餐厅的声望。例如 2008 年 8 月 20 日晚，北京市第 29 届奥组委在颐和园听鹂馆饭庄宴请国际奥委会官员，北京市委书记刘淇、市长郭金龙、副市长刘敬民及刘延东、陈至立，国际奥委会主席罗格、名誉主席萨马兰奇等 60 余人出席活动，活动开始，刘淇、罗格分别在院内戏台上向来宾致词，随后步入寿膳厅用膳，听鹂馆服务员微笑、热情、周到、细致的服务赢得了贵宾的一致好评，并得到了刘淇书记的赞扬，他说："谢谢你们的服务"（图 4.8–2）。

北海仿膳也曾举办过接待英国前首相希思、美国前总统尼克松、日本前首相田中角荣、意大利前总理克拉克西等的国宴。

第 5 章　公园饮食业的发展方向

在我国饮食需求依然保持着旺盛势头的情况下，公园饮食业有着良好的发展前景。而且随着生活节奏的加快和工作压力的增大，人们的精神压力也大大增加，幽雅舒适的就餐环境、浪漫温馨的餐厅氛围，不但能提升人们对美食的享受，而且能够放松身心、缓解疲劳、陶冶性情，公园餐厅强调餐饮环境的园林化正符合这一趋势，这种崇尚休闲的餐饮方式也必将为公园饮食业带来飞速的发展。

游客饮食习惯的变化也影响着公园饮食业的发展方向。随着生活水平的提高，游客的饮食习惯逐渐发生变化，消费者将更加注重精神层面体验，饮食消费需求已经从果腹型，纯口腹享受型，发展到健康享受型、休闲享受型、饮食娱乐型等多种趋向。未来，人们更注重餐饮的质量价格，讲究品位、品牌；在菜品的外观和质感上，强调色、香、味、形、器的选用，强调菜品的可口、美观大方、新颖悦目，要求以名师、名料、名品占领市场。同时强调餐饮环境，注重饮食氛围和服务礼仪，以迎合不同场景需要。随着市场经济的不断发展，追求精神愉悦和满足将成为餐饮消费市场的最主要需求。餐饮企业的菜点风味质量、服务的周到细致，食品和环境的安全卫生以及就餐环境的文化氛围等等诸多因素成为消费者选择饮食企业的综合平衡条件。公园的饮食经营者要不断地适应市场变化，并且根据市场的发展和变化来调整自己的经营策略。

目前，公园的餐饮大体上可分为两部分，一是经营大众消费饮食的普通饭店、便民店、食品店及个体小吃店等，店铺多以租赁形式经营，由于这些店铺多为个体企业独自经营，其餐饮产品的质量一般，但价格适中。另一个则是实施精品战略的高档餐厅，如颐和园听鹂馆、北海仿膳等。由此形成了高级公园餐厅和社会一般餐厅相互补充、相互促进的趋势，高中低档的多种经营模式。

在买方市场环境下，把握游客饮食消费需求的重要性不言而喻，公园餐饮业面临着巨大的机遇和挑战。公园饮食要想在未来取得进一步的发展，必须注重餐饮与园林文化的结合，高档饮食与大众化饮食的结合，形成品牌化、标准化、现代化的管理模式，注重绿色健康餐饮，注重科技在公园饮食中的广泛运用，培养高质量的服务团队和创新意识等，这也是公园饮食业未来的发展趋势和方向。

5.1 饮食与园林文化的结合

园林与饮食不可分割，在众多的古代文献中都有记载。如最早见诸于文献记载的公共园林兰亭，文人雅士聚集园中饮酒赋诗，王羲之《兰亭集序》中云："引以为流觞曲水，列坐其次。虽无丝竹管弦之盛，一觞一咏亦足以畅叙幽情矣。"在清代，皇帝的寿诞宴席更是常于皇家御苑中布置，园林景观与饮食文化随着历史的延续更加紧密。

在现代，这种文化联系显得更为重要，现代饮食业的竞争主要体现在文化竞争，专家们这样描述道："利润的一半是文化，文化也是生产力"。文化竞争是一种更高层次的竞争，要求赋予饭店的产品和服务一定的文化内涵、文化氛围和文化附加值。

在饮食企业成功的经营中，特色化经营与品牌化经营离不开文化的支持，文化的韵味可以使饮食产品的特色更加明显，品牌更加醒目，可以提升消费者的消费档次和满意度。一个饮食企业区别于同行业其他企业最本质的内容就是其所体现出来的文化的独特性，企业在经营自家特色菜品时可以将就餐环境、服务礼仪与相关的饮食文化和谐地结合起来。当今，许多饮食管理者都花费心思挖掘文化遗产，丰富产品文化内涵，如"板桥宴"、"乾隆宴"，从而提高饮食企业的知名度。一些主题饮食也纷纷面世，如"三国宴"（图 5.1-1）、"射雕宴"、

图 5.1-1 三国宴

“西游宴”、“梁山宴”、“六朝餐饮”、“满汉全席”、“开国大典宴”等，这些饮食文化具有丰富的内涵和情趣，给消费者带来愉快的用餐经历。

公园饮食业与公园文化的完美结合，是饮食业健康快速发展的动力，也是我国未来饮食业发展的必然趋势。因此，公园的饮食业不能片面追求经济效益和商业利益，要对饮食文化内涵进行挖掘和提炼。古典园林、历史名园中有着悠久的历史和公园文化，在这些园林中应继承宫廷菜肴的精华，着重发展“老字号”经典菜品。这些老字号餐厅就产生于古典园林之中，并且很多为百年老号，从字号、历史、菜品到发展史处处都是宝贵的企业文化。因此，针对这些餐厅，要通过完善公园宫廷餐饮保护规划、制定具体保护措施，使公园传统宫廷饮食得以保护和传承，使这些带着岁月沉积记忆的园林历史形成以历史文化为内核的个性化餐厅。同时要进一步搜集公园饮食的相关史料，研究、挖掘各公园宫廷菜系的制作技艺，将宫廷饮食这一宝贵的文化遗产发扬光大。

对于一些现代新兴餐厅，则要根据公园特色系统地进行挖掘、整理和保护，创新本公园的饮食文化，以体现"差异化"、"个性化"、"主题化"。首先，要全面详实地弄清有关公园饮食文化资源的文化历史背景和与风土人情的渊源关系，使之有深厚的文化底蕴；同时要广泛搜集有关的民间传说、神话故事等资料，渲染这些地方名菜、民族小吃的传奇色彩，通过这种开发利用，就可以让消费者边听、边看、边尝、边思而趣味无穷，既弘扬了民族饮食文化，又提高了旅游地区的综合吸引力。如以赏竹为主的紫竹院公园的《文化发展规划》中针对北京市外国高端主流消费群体，推出"全竹宴"，以打造京城甚至华北地区全竹宴绿色特色餐饮第一品牌为目标。"全竹宴"根据紫竹院公园的竹文化特色，以竹养生为理念，以竹叶、根及茎秆为主要食材，以竹屋、竹餐具为配套，邀请全竹宴大师主厨，使游客通过宴食来领悟中国传统竹文化及人文的精髓。

北京中山公园有着90多年历史的中华老字号——来今雨轩饭庄凭借其厚重的文化历史底蕴，在今天众多酒楼餐馆中独树一帜。作为国家一级饭庄，来今雨轩主营红楼菜和川贵风味。红楼菜是由《红楼梦》而来，当年饭店组织研讨古典名著《红楼梦》中的饮食，历经十年艰辛努力，创制出包括22种菜肴、6种汤、5种粥、4种点心为主攻品种的40余个"红楼菜"品种。这些红楼菜每道菜都要有"出典"，在国内率先推出反映18世纪封建贵族饮食风尚和具有清代饮食文化内涵的"红楼大宴"、"红楼家宴"，从多角度反映我国饮食文化的优良传统，得到了海内外饮食文化专家和世界名厨的热烈赞赏和高度评价。著名红学家冯其庸、李希凡等及《中国烹饪》、《中国食品》杂志多方专家对来今雨轩研制的18个品种的红楼菜进行了鉴定，一致认为来今雨轩饭庄研制的红楼菜较好地集中了红菜的五大特点：一是每道菜都要有"出典"；二是菜的风味上与淮扬菜相似，清淡爽口，甜而不腻；三是选料精细；四是做工考究，造型美观；五是有丰富的营养价值。来今雨轩的红楼菜，体现了饮食与中国古代历史文化的完美结合，受到越来越多的消费者特别是红学迷的追捧。

景山公园则以景山皇宫御苑牡丹为特色，融合皇家祭祖文化、农耕文化、戏曲文化和骑射文化等，不断创新尝试开发牡丹特色食品，包括黑牡丹饼、牡丹燕菜，荷花特色食品，清明时节特色食品等。

在文化上做文章，除了要全面详实地搜集关于饮食文化资源的文化背景、历史渊源、民间传说、神话故事、风土人情、文物特产等资料外，还要通过加工、整合这些资料，使之与旅游活动恰当地结合起来，让游客边听（听故事）、边看（看原料、工序）、边尝（尝味道）、边思（思意蕴），使游客产生互动的体验。这样不但可以提高客人的饮食兴趣，还可以活跃宴会气氛，使客人在饮食中学到一定的知识。如北海公园在未来的商业规划中将增加宫廷宴会情景再现等互动体验活动，以提升文化氛围。同时将餐饮与文化活动相结合，提供夜间活动服务，提升夜间接待能力。有条件的公园餐厅，也可通过建立菜品演示练习馆，安排颇有造诣的名厨现场演示具有代表性的菜品，对有时间、有兴趣的游客可以通过体验参与，从菜品的选料、加工、火候、造型、养生滋补等方面予以全程享受，通过体验常用的烹饪技艺，了解菜品独特的制作方法，培养更多的菜品消费者。

同时，在餐厅的布置上，公园餐厅可以布置成小型的展览厅，各自以不同的主题陈列着各式各样的相关物品，向顾客宣传这里的饮食文化知识。如结合餐厅建立“饮食文化展示馆”，展示菜品的历史溯源，特色名宴和特色小吃，将菜品烹饪典籍、理论研究成果、饮食传奇故事等内容充分展示。另外，通过将历代名厨、主要原料、餐具、制作流程，著名的筵席菜单、名菜、名点、名茶等以丰富的形式展示于餐馆内，以供游客参观，让游客真正体验到公园饮食文化的历史传承。

文化搭台，经济唱戏——揭示出了未来经济的特点。饮食业是饮食产品的竞争、服务的竞争、管理的竞争，也是文化的竞争。公园饮食业应努力丰富餐饮市场的文化内涵，提高文化品位，通过公园这个媒介，把菜文化、吃文化、筵席宴会文化、餐厅文化、服务文化、经营文化等贯穿于经营活动的全过程，从而借此推介自己的品牌，扩大社会影响力。

5.2　注重打造餐饮品牌

大多数公园由于到晚间都会闭园，因此对于一般游客来说不会在园中食用晚餐，相对于社会上的饮食业少了最主要的一笔收入。同时由于公园内昂贵的房租和其他各项经营费用的上涨，较低的人均消费水平会导致不能实现收支相抵，更谈不上有所盈余。因此，对于许多公园饮食企业而言，推出精品化的高档餐饮是其利润的主要来源。如颐和园餐饮紧紧依托听鹂馆寿宴品牌，以品牌带动相关产品的开发与销售，依靠品牌信誉扩大生产规模，提高生产技术和经营管理水平，扩展经营领域，取得了良好的收益。

公园餐厅要想取得良性发展，必须采取依托品牌原则，即依托品牌餐饮带动相关饮食的发展。打造品牌，应把重点放在以下方面：

一是要有“特色看家菜”。公园高档餐厅要吸引食客，必须要有自己看家特色菜品。作为特色的饮食产品要能体现地域文化的特点，让消费者通过餐饮消费可以领略到独特的地域文化，从而满足其更高层次的消费需求，于饮食中弘扬文化。为此，公园饮食业能保有自己独有的特色菜品，并经常推出开创的新菜，得到游客的认可，既可适应游客求新的欲望需求，也可让宾客成为义务广告员，吸引更多的消费者走进公园餐厅。

例如，听鹂馆以祝福延年益寿的“万寿无疆席”品牌为核心，突出御膳宫廷菜的“重味鲜美，健康养生”特点，万寿无疆席、江山万代席、普天同乐席品牌定位为宫廷菜高端市场。同时经营福禄寿禧席、延年益寿席、吉庆有余席等颐和园菜系品牌，面向中端市场。

中山公园来今雨轩的特级技师高连元师傅在制作川贵菜肴时，为了让北方客人接受，在麻辣程度上进行改进，形成了独特的风格，其中有名的是“干烧活鱼”，当时一些讲究的食客要吃“干烧活鱼”必到来今雨轩。

天坛公园特色旅游餐饮服务也不断有新的突破，斋宫菜保留了皇家深厚礼仪文化，同时结合现代健康饮食观念进行大胆创新，形成色、香、味、形俱全，品位营养兼备，种类丰富完善的菜品系列——“宫廷斋菜”，作为北京皇家园林特色餐饮品牌为中华饮食文化百花园增添一朵奇葩。

香山公园的餐饮规划将根据香山公园的特色和历史开发以皇家宴（三班九老宴、开光宴、御宴）为龙头，生态宴（山花宴、红叶宴、消暑宴）为重点，养生宴（茶宴、药宴）为补充的香山系列美食系列。

二是要创造特色化的就餐环境。充分利用公园环境和历史文化，创造特色化的饮食环境来满足人们的需求，是公园饮食业吸引游人的优势，必将给公园饮食业带来广阔的发展空间。

公园餐厅可根据自身特色，营造出各具特色的、吸引人的种种情调，或新奇别致，或温馨浪漫，或清静高雅，或热烈刺激，或富丽堂皇，或小巧玲珑，或展现都市风物，或炫示乡村风情。

如北京皇家园林颐和园的听鹂馆，作为皇家御膳的供应地，无论外观设计、内部装潢，还是餐具器皿都十分讲究，极尽豪华。菜肴品质高，讲质量标准，品种齐全，富有特色，餐饮环境幽雅，高价位、高品质服务，是各界上层人士应酬的场所。

三是特色化服务。特色服务是公园饮食业吸引游客的重要方面，用这些精心设计的体验，最大限度地激发消费者的精神认同和情感升华，积极地带动餐饮消费，培养市场认可度。如颐和园听鹂馆和北海仿膳的就餐与乘船游湖相结合（图 5.2–1）；天坛公园的天坛夜宴与白天的中和韶乐迎宾会相互衔接，在内坛打造宴请中外来宾的盛大中国传统晚宴，以满汉全席为主要宴会食品，席间穿插中国传统文化表演等。

同时，公园饮食业要重视人们的具体要求，根据具体的消费场景、消费时间，消费对象，提供有针对性的服务，并据此塑造出符合顾客要求的企业形象。如针对特殊客户群设置的餐厅，如情人包间、球迷包间、商务包间、家庭聚会包间、生日聚会包间等。

四是要有举办大型宴请活动的能力。宴会是指政府机关、社会团

图 5.2–1 北海画舫宴

体、企事业单位或个人为了表示欢迎、答谢、祝贺等社交目的的需要，以及庆贺重大节日而举行的一种隆重、正式的餐饮活动。是否能够成功举办大型宴会活动是一个餐厅服务能力的标志。宴会收入是公园饮食业的一个大项，公园饮食业在走精品化道路上，必须注重和提高宴会服务能力。

中山公园来今雨轩饭庄高度重视高档次宴会的接待工作。围绕红楼宴、婚宴、商务宴、寿宴四个特色宴会品牌做文章，在菜品、服务、环境氛围等方面形成饭庄特有的品牌，以不断适应日益激烈的市场竞争。“菜肴”只能是“形”上反映出中华饮食文化，“宴”则注重的是整体上的效果。来今雨轩饭庄红楼宴除了在菜肴、面点、饮料上下工夫外，还在设宴形式、环境、餐具、服务等几个方面精心设计。先后设立了红楼厅和大小包间，包间内环境优雅，四周悬挂各种书画作品，就餐时一曲《枉凝眉》轻轻环绕耳畔。在餐具方面，饭庄特别定做了红楼宴会专用的餐具，这些餐具很好地映衬着红楼菜肴。在服务方面，饭庄服务员将会在席间每上一道菜肴都用悦耳动听的北京话向客人讲述一段典故，为了方便外国客人了解中华文化，近年还推出了英语讲解。正是由于不断地完善宴会的各个环节，饭庄红楼宴得以接待了许多党和国家领导同志以及国际友人。

5.3　注重大众化的快餐

马斯洛需求层次理论指出了人类需求的金字塔式的层次性，饮食需求按人群构成来看，大多数处于需求的中低层次，面向大众不仅是市场的需求，也是经营方向。目前中国的人均收入水平还是相当低的，中国人在选择饮食时价位必然是其要考虑的一个重要因素。此外，由于公园的游客游园时间有限，绝大多数人都希望通过降低就餐的时间成本来获得更多的休闲娱乐时间。同时公园的游客中有相当部分为学生等经济型游客，快餐的就餐方式正符合他们对节省时间及经济的需求。因此，公园饮食需要在精品化的同时，注重保障大众化饮食。公园快餐市场潜力巨大，是公园饮食业必不可少的经营形式，公园饮食企业应根据消费者的需求状况有针对性地提供丰富多样的快餐产品。

目前，公园快餐与社会上快餐店相比价格较高，就餐环境较差，普遍停滞于低水平发展阶段。就是由于公园的快餐价格过于昂贵，很多游客喜欢自带食品在公园中野餐。因此，公园中质优价廉高效率的快餐店必将受到广大游客的欢迎而成为公园饮食业发展主流。在发展方向上，公园应通过合理配置餐饮网点，完善服务功能，使大众化餐饮网点与游客需求相适应，凭借快餐厅灵活的经营机制、有效的成本控制、随行就市的价格、鲜明的产品特色、快捷的供餐和服务模式使其在公园饮食中占有一席之地，以适应广大消费者尤其是工薪阶层的需求（图 5.3–1）。

把发展游客大众化餐饮与颐和园改造提升紧密结合。既要坚持高端品位，又要服务游客，不断完善景区餐饮业，建成多样化、层次化、功能完善、安全诚信的景区餐饮商业服务网络。

如颐和园如意饭庄依托听鹂馆万寿宴，主要发展面向大众的餐饮服务。提高如意餐饮的接待能力，在餐饮内容和价位上，成为广大游

图 5.3–1　北京动物园 2008 年建成的咖啡店

客可以普遍接受的标准，成为听鹂馆餐厅的必要补充，满足广大游客的需求。如意饭庄的消费市场主要为中端游客群体、中高收入阶层以及团体会议。如意饭庄要发展与中等收入阶层消费需求相适应的餐饮业，重点发展家庭休闲自助餐、旅游套餐以及工作餐；其次发展以政务、商务、文化交流等为主要对象的星级餐饮业，满足团体单位会议供餐和节假喜庆餐饮业的较高档次的餐饮需求。此外，颐和园还分布有众多的中小餐饮网点，其中专门经营食品的有 8 处：仁寿殿南、知春亭餐厅、知春亭食品、文昌阁食品、对鸥舫、石丈亭食品、延清赏楼北三间、十七孔桥西桥头北房；食品和工艺品混杂经营的有 12 处：东宫门外南朝房、东宫门内南房、耶律楚材门厅、石丈亭工艺、东九间、石舫工艺、松堂食品、怀仁憬集、澄怀阁、智慧海外食品、苏州街、水村居（图 5.3–2）。

图 5.3–2　颐和园水村居茶室

北海公园目前的特色饮食网点仅具备提供高档宫廷菜系服务，缺乏中、低档特色餐饮网点，在其《文化服务发展规划》中计划在琼华岛开发为以快餐模式运营的有宫廷餐饮特色的宫廷快餐，定位为大众特色餐饮，设计合理的价位与菜品，中西结合，采用西

式的经营模式，采用皇室家常菜的经营内容，迎合游客旅游体验的心理。

景山公园在“规划”中将增设健康营养早餐，使游客在来公园晨练的同时就可享用到健康营养又美味的早餐，在一定程度上解决早餐市场良莠不齐、健康卫生状况没有保证的局面。

玉渊潭公园饮食规划将根据大众化快餐推出樱花号美食车，提供休闲食品以及公园自主开发的有机绿色餐饮，例如可针对游客游园特点，开发有机早点、有机快餐、有机饮品；还可结合樱花节，引进日本的樱花料理或自主开发樱花类美食。

饮食行业还可将园内的特色饮食作为包装精美、方便携带的特色产品进行销售，不但可以增加销售量，还可以对产品起到扩大宣传的作用。如北海公园未来将开发皇家御用食品系列：在园内采取冷食和热食两种餐饮形式，开发具有宫廷特色的糕点作为园内餐饮零售食品的主打产品，逐渐创立北海皇城御苑饮食品牌；挖掘宫廷饮食文化，开发不同档次特色菜品或宫廷糕点，并适度提供保鲜和邮购服务，满足不同游客进餐及外带需求。

5.4 品牌化、标准化、现代化的管理模式

随着公园餐厅经营方式的日趋多样化，承包制、租赁制、股份制等逐渐取代国有制成为公园餐饮的主流，而具有诸多优点的连锁经营模式则是公园饮食业发展的方向。从单店经营为主转变为特色、品牌、规模经营，实现品牌化、标准化、现代化的连锁经营，是饮食企业做大做强的必由之路，公园饮食企业亦应如此。

5.4.1 品牌化的管理模式

未来的消费者更看重的是企业的形象、产品的品牌、信誉与服务等无形的价值。消费者选择饮食消费，首选品牌饮食企业，这是现代饮食消费的必然趋势。品牌是餐厅的象征，凝聚了餐厅的管理质量、文化品位、企业文化和经营理念，是一种无形资产，有着无限的经济价值和文化价值。这种价值使餐厅的饭菜和服务定位于一种全新的市场领域或赋予其竞争对手难以复制的文化内涵，以此赢得客源，实现餐厅的利润增长。

餐厅要实现品牌创造，首先要保证饭菜和服务的质量，并形成别人难以复制的特色，然后通过构建和扩大相关的社会网络，以此来传播品牌及其内含的信息，让公众注意自己、了解自己，最终获得社会的信任。

创造品牌后，还要进行品牌营运，以此为主导来关联、整合其他资源和资本，实现餐厅最大的经济利益和社会效益。公园餐厅，尤其是公园中有着历史文化背景的老字号餐厅，应充分利用公园游客众多的有利条件对自身进行宣传，对品牌进行保护和利用。

目前北京公园的老字号餐厅中，网络宣传、广告宣传、公益活动宣传都很少，说明老字号没有积极采用现代宣传方式去推广自己的产品，没有利用新技术为自己提高品牌知名度。在信息量爆炸的时代，如果缺少信息的刺激，就会产生遗忘，加大品牌宣传是获得经济效益的重要手段。同时政府也应加大力度扶植、宣传和保护中餐名牌，通过对市场的建设、引导、监督等来促进名店、名食的健康有序发展。

5.4.2 标准化的管理模式

对公园饮食企业来说，品牌的知名度只是一个方面，还需建立现代的企业标准化管理模式。

目前公园饮食业的管理水平相对较低，大部分公园饮食企业采取的是手工作坊式的生产模式，尚未从采购、生产、销售、人力资源管理等环节建立整体的、科学高效的管理机制，这种生产方式往往效率低、产量低、质量水平难以统一，致使营业收入、利润率等指标与国内外的大型饮食企业存在很大差距，找到一条有中国公园特色的管理模式是提升公园饮食业管理水平的必要途径。

不具备标准化管理的能力，也就不具备真正的市场竞争能力，也就不可能在激烈的市场竞争中取得胜利。公园饮食业的管理者要大力推广现代管理模式，通过制定严格的饮食标准和法规，对餐饮产品的种类、数量、质量和特色等进行明确的规定、科学的规划，完善公园餐饮管理、服务、营销等方面的规章制度，实现园内连锁经营、集中采购、统一配送等现代流通方式，使公园餐饮逐步标准化和规范化。

中国饮食业巨头全聚德集团在菜品质量、岗位服务、卫生管理等方面都有着明确的量化标准，为公园饮食企业，乃至中餐企业起着重要的示范效应。在菜品质量管理方面，全聚德集团在 1999 年制定出 22 种特色菜品的量化标准，并成立了质量保证管理委员会，保证了产品质量的始终如一；在岗位服务方面，全聚德制定并修订了《全聚德服务规范》，编制专题录像带，认真组织贯彻落实，使一线员工有了更加明确、更加统一、更高要求的服务工作标准。同时还制定出服务规范考核表，考核内容包括 40 多项，执行起来更系统、简洁、科学；在卫生管理方面，全聚德集团制定了严格的卫生检查标准和定期检查制度，卫生检查内容有 11 大类、95 项，包括了日常经营管理中所有的卫生项目，各项检查的结果均与企业领导及员工奖惩直接挂钩。颐和园快餐通过进行质量管理，严格按照规则运作，从工人进车间前的消毒杀菌，到原料的精心采购、粗筛选、细加工、作料配比、锁定口味、烹饪制作、分装冷藏，从机械和面、面食制作、烘干到分装冷藏，整个流水线需经过严格规范的程序，保证食品质量，使菜肴始终处在稳定、高质、可口的状态。同时用餐环境、服务也按照质量规格要求稳定无差错的提供给客人。

在标准化管理方面，菜品质量对于公园饮食企业是最难把握的一个。由于公园饮食企业中中餐饮食占有绝对比例，但由于中餐制作工艺复杂，而且长期以来是手工操作，师徒传艺，一些老字号名厨毕其一生创出的“绝活”，由于缺乏定量总结，往往也会人一走味就变，因此实现产品标准化、规模化、清洁化的难度较大。尤其公园中的饮食业没有形成规模效应，缓慢的“标准化”进程在很大程度上限制了公园饮食企业的连锁发展，在扩大企业规模上存在一定的困难。为此，公园饮食业要在以下两方面加强标准化建设：

一要充分利用市场机制，引进先进企业入股，吸收先进企业的经营和管理理念，用现代经营方式和服务技术对传统的服务模式进行充分的改革改造，构建股份有限公司，通过在各公园中增设分店，形成品牌效应。尤其是老字号饮食企业更需以现代连锁规模经营的管理模式为保障，实现“名牌＋管理”的战略方式，实现老字号饮食企业连锁规模经营的市场新格局。

二要通过公园主管部门整合现有饮食企业资源，通过制定饮食规划培育一批饮食示范企业，形成饮食行业的“龙头”、“旗舰”企业，改变目前公园饮食企业散、小、差、乱的形象，从而形成规模大、档次高、经营品种有特色、装饰风格充满文化氛围的餐饮经营企业。

5.4.3 现代化的管理模式

目前，公园饮食业大都仍采取传统的管理模式、传统的经营管理制度，致使饮食企业管理水平偏低，管理机制不健全。因此，采取现代化的管理模式是公园饮食业发展的方向。公园饮食管理者应不断改变传统的生产方式和经营模式，加大科技开发力度，实行现代化管理，并有计划地实现国际管理体系认证（ISO9000 和 ISO14000）。

北京公园中有着众多的老字号餐厅，这些老字号企业的悠久历史也决定了其具有古老的经营理念和管理机制。而随着市场经济的完善和发展，老字号的经营管理理念和机制也需要及时革新，需要转变企业机制，寓百年传统于现代科技，把传统经营方式与现代生产技术、管理方法结合起来，加大产品的科技含量，使之更符合现代人的饮食口味。

5.5　绿色健康饮食

公园的主要功能之一是为市民提供良好的生态，公园饮食企业更应以绿色健康的饮食来满足广大游客的需求，通过打造饮食业的“绿色先锋”来形成公园饮食的特色。在经济状况已经得到很大改善的今天，健康的位置已经被摆得很高。国家对绿色饮食早就十分重视，2001 年国家经贸委连续下发了两个文件，要求生产企业和饮食企业立即停止生产使用一次性发泡塑料餐具。追求膳食均衡，营养健康已成为消费时尚。

在国家倡导绿色饮食的同时，市场需求由注重口味到关注营养，游客在外就餐已不再满足于填饱肚子，绿色、营养、保健的饮食已经成为首选。随着人们对环境污染、生态平衡、自身健康等问题的关心程度日益提高，尤其是经历了非典、苏丹红、三聚氰胺等事件的影响，无公害、无污染的绿色食品、保健食品，受到了消费者的欢迎，许多餐饮企业适应这种要求，纷纷推出了自己的保健绿色食谱，并增加保健设施。

“绿色饮食”意为生态效益型饮食，即运用安全、健康、环保的理念，坚持合理利用资源，保护生态环境，坚持绿色管理，倡导绿色消费，以维持生态的平衡性和资源的可持续利用性的绿色食物和饮料的生产和消费过程。在经营过程中，餐饮企业也认识到绿色餐饮作为一种新的营销方式，已成为企业可持续发展的必然选择，相继推出以“绿色环保、绿色餐饮、营养健康”为主题的“绿色、环保”服务。

“绿色饮食”的含义非常丰富，在建筑、设施设备、原辅料、能源、菜食、服务、废弃物等方面都与传统饮食有区别（如表 5.5–1）。公园饮食企业要不断提高企业的环保理念，在食品安全、节约能源、减少浪费等方面进行转型，以实现饮食绿色化生产。

传统饮食与绿色饮食的比较　　表 5.5–1

名称＼内容	传统饮食	绿色饮食
建筑	舒适、美观、独特风格	绿色建筑
设施、设备	考虑成本与质量	充分考虑节能、降耗和再利用
原辅料	控制成本、保证质量	无公害、不适用添加剂
能源	煤、天然气等常规能源	尽量采用清洁能源
菜食	卫生、安全	绿色食品
服务	满足客人需求	提醒节约
废弃物	一般处理措施	无害化、最小化、资源化处理

在食品安全方面，绿色菜品的研制和生产是公园饮食企业的发展方向。

在绿色食品原料的采购上，饮食企业要建立安全采购、生产的各项制度，自觉地规范自己的进货渠道，采购无污染、无公害原料或绿色食品原料，尽可能少购罐装、听装或其他已经加工制作的半成品原料，更要善于识别、杜绝采购被污染或腐败变质的原料。坚持少买勤购，避免多购变质，同时尽量采用纸制材料、可循环使用材料、可食性材料、天然材料等进行包装，利于环保回收再利用的卖点。如西贝莜面村以“绿色、健康”为其经营理念。他们对菜品原料要求很高，绝大多数均来自西北农牧区，只有少量时蔬是在当地市场就地取材。此外，餐饮企业在采购原料时还应明白自身在保护野生动物方面所承担的责任和义务。

“绿色饮食”不仅仅要求食物本身的天然与营养，还要求食物的生产和消费过程的绿色环保，以维持生态的平衡性和资源的可持续利用性，保障食品安全。在食品生产过程中，要确保食品的营养与卫生，注意运用绿色技术组织生产。餐饮产品的生产制作既是饮食企业直接管理控制的领域，又是对绿色产品构成产生重大决定作用的环节，在生产实践中，每个岗位都应该自觉认真做到细致扎实的工作，绿色食品才能顺利出炉。

公园老字号餐厅很多都在绿色菜品的研制方面取得了成绩，如颐和园听鹂馆以养生“医疗”、“保健”的药膳、寿膳饮食，北海公园的宫廷皇家御膳养生宴，通过挖掘宫廷美容养生的内容，由宫廷御厨现场制作宫廷美食，传播宫廷养生方法。

在节约能源方面，以节能、节水、节材、节地和资源综合利用等为重点。要积极采用环保技术，进行清洁生产，减少废弃物；开展餐厨垃圾的回收利用，对废品、废水包括泔水严加控制管理、防止污染。这样既可以减少资源浪费、环境污染，也可使饮食产业降低成本、提高效益。

在公园饮食环境的设计上，可采用环保性能好又节能的“绿色装修”，建筑设计、室内设计和设施配置等方面充分考虑能源节约和生态环境保护。它要求产品设计人在构思、开发、研制产品的功效及形式上利用生态学原理和方法，使产品在选料、组合、制造过程中尽可能使用节能建筑材料，使能源消耗少，对环境污染少；在产品流通和使用过程中无污染或少污染；产品的使用寿命结束时，有的部件可以翻新和重复使用。在空间布局上，原料贮藏间、原料加工间、房菜间、餐具洗涤消毒间、营业场所及辅助用房等布局要合理。绿色环保的饮食场所设计具体来说主要包括以下几点：(1) 合理的选址；(2) 采用被动式设计，考虑自然采光、隔热与保温材料、雨水收集；(3) 采用新型墙体材料和环保装饰材料；(4) 门窗和隔墙有减少噪声的设计；(5) 充分考虑新能源及可再生能源（太阳能、生物质能、风能和地热等）的利用；(6) 采用冷热电联供、集中供热等能源梯级利用技术；(7) 设计中保护当地自然景观和生物多样性；(8) 有减少污染排放的设计；(9) 根据“绿色”环保资质合理选择承建商，采取建筑废弃物管理措施，保护当地植被、水系及生态；(10) 使用当地原材料和劳动力，促进当地经济和社区发展。

在能源使用方面，公园饮食企业要建立有效的计划和严格地规范地执行，在不影响产品及服务质量的前提下，减少燃料污染、包装污染和垃圾排放污染等问题，促进可持续发展战略的实施。在菜品生产上，采用环保技术、进行清洁生产减少废弃物；推广使用节能型设施设备，提高资源、能源的使用效率，如采用洁净煤技术，逐步提高液体燃料、天然气的使用比例；在照明、通风等方面合理地利用自然过程，如光、风、水等；积极采用新技术，如节能灶、节能灯、节水马桶等。在食品包装上，减少纸制包装和可食性包装的使用，推广可循环使用的包装材料以有效地节约资源，满足可持续发展的要求；天然材料包装不仅能增加食品的香味和滋味，也极易在自然界中分解，还能增加食品的地方特色和生态特色。因而，在食品包装上，笔者建议采取纸制材料包装、可循环使用材料包装、可食性材料包装和天然材料包装。

在废弃物处理上，要加强废弃物的循环利用，建立"资源一产品一再生资源"的新型产业链条。在确保卫生和安全的情况下，有条件的公园饮食企业可以引进专业的设备处理为有价值的新产品，实现各类安全物品循环再利用，对产生的废气、废水和废料进行合理有效的回收和处理。

在玉渊潭公园的饮食规划中，将馔花斋定位为以花为主题的低碳饭店。饭店继承中国传统餐饮特色，以花为食材、原料，研发烹制具有保健、美容等功效的绿色美食。馔花斋将较好地采用循环经济理念，生物降解剩菜剩饭等废弃物，用来发电造能。

公园餐饮企业还可借助公园的绿色环境开展绿色消费月等活动，通过科普宣传和游客互动以引领消费者的消费观念，推动了公园饮食业的发展。

发展节约型饮食还要注重避免浪费。

从菜单制定开始，充分考虑宾客用餐人数、年龄结构、职业特点，结合客人消费标准，有针对性地安排品种和数量，既要让客人吃饱吃好，更要防止原料和成品的浪费。引导顾客合理地减少过度需求，如点菜时主动提醒客人避免浪费、提供打包服务、存酒服务等。

在生产过程中，厨房应尽力改进加工方法，以避免传统加工方式造成的浪费，原料加工要尽可能少剔除废弃部分，充分发挥原料的烹饪作用。避免自来水的跑、冒、滴、漏或用后不关，炊事电器设备的空转，空火炉灶不及时关闭，照明灯具长明不关，排风、排烟设备空转；还有诸如原料加工无计划或一次性加工过多而造成的浪费，或因未经及时加工处理而造成霉变、混杂、污染，以及对厨房炊具，炉具等使用不当造成损坏报废等。

餐后，对餐具的清洗与消毒应有规范的操作流程，既保证能源消耗最小化，又保证餐具的清洁卫生标准；还有，对厨余、餐余废弃物等进行科学分类、分级处理，建立不同级别的良性循环处理系统等。

“绿色饮食”还需政府及公园管理者要加强引导。

目前公园中的很多饮食企业不仅规模小，而且设施设备欠缺，主要以手工操作为主，比较落后。在污染物的处理方面缺乏强有力的监管，导致在经营过程中产生的餐厨垃圾等污染物的处理形成不了规模效应，造成的污染很严重。

政府和公园管理者应对企业进行积极的引导和扶持，科学合理的确定饮食企业承担环境污染的经济责任标准及制定相关管理制度，增强公园景区饮食企业环境污染的经济责任，使之自觉做好饮食污染环境的预防工作。

5.6　科技在公园饮食中的广泛运用

飞速发展的公园饮食业急需现代科技的支持，信息化建设对传统饮食业的现代化发展至关重要。信息技术的应用可以大大提高饮食企业的工作效率，降低其经营成本，提高其服务质量，还可以推进饮食营销，提高产品质量的标准化程度，从而使饮食企业不断提升其综合竞争力，使其在短时间内以较低的成本走上标准化、规范化、高效化和现代化的轨道。公园饮食业要关注和重视传统经营理念，借鉴信息化技术、科学的管理方式和科学的生产方式，将其中的特色和优点吸纳到信息化建设中来，以达到协调发展的目标。

5.6.1　电子商务

目前，多数公园饮食企业仍处于传统经营阶段，与现代化经营有

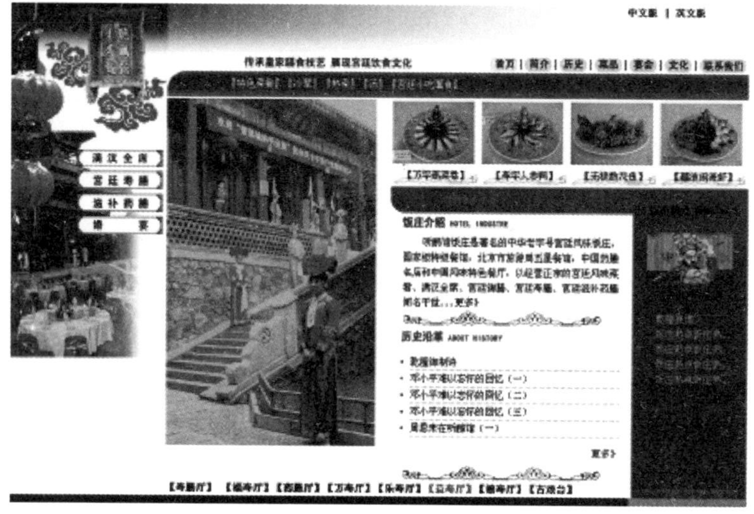

图 5.6–1 听鹂馆网上餐饮平台

着较大差距。公园饮食信息化服务平台主要有饮食类门户网站和电子商务。饮食类门户网站通过网络平台向公众提供饮食信息咨询，消费者可以通过登录网页进行餐馆信息搜索获取所需信息，这种门户网站在公园的知名餐厅都有应用。电子商务具有营销成本低、经营规模不受限制、支付手段高度电子化和便于收集和管理客户信息的特点，可通过网络直接订餐或订位，大大降低饮食企业的采购成本和中间成本、为饮食企业拓展了销售模式。

全聚德的饮食信息化建设值得公园饮食业的借鉴。全聚德从2003年开始全面实施连锁经营的信息化改造，600余套浪潮电脑为全聚德在全国的58家分店提供了一个很好的饮食管理平台。为了提升企业的品牌形象，适应电子商务的时代潮流，全聚德积极拓展网络空间，开展网上连锁商务宣传，使老品牌通过网上连锁经营手段得以有效发挥，充分展示了百年老店的风味名品、饮食文化和时代风尚。

公园饮食业应充分将电子商务与饮食业有机结合，加强饮食行业的电子商务人才培养；与文化旅游、休闲娱乐等其他服务行业配套发展，充分发挥网络服务的开放性和包容性（图 5.6–1）。

5.6.2 饮食设备现代化

图 5.6–2　电子点菜机

除了电子商务的网络信息和预定功能，配备高科技的设备及管理系统软件也是公园饮食业发展的趋势。

随着饮食业的发展，餐饮设备也将发生变化，现代化的餐饮设备有利于提高菜品质量和服务质量，减轻烹饪人员和服务人员的劳动强度，方便厨房生产，同时可以节约能源。目前我国烹饪设备的主要发展方向应该是开展烹饪设备标准化、系列化、通用化的研究和推广，研究和制造烹饪设备的新材料、新工艺，真正实现烹饪制作机械化、自动化。

高科技的设备将改变传统的操作模式，如点菜机最显著的优点是点菜快、送单快、结账快，可以为顾客提供方便准确的服务（图 5.6–2），使饮食服务的水平与效能得到提升。利用自动控制设备控制产品的生产加工过程，利用电子收银机来提高销售服务的准确率和速度，将科技引进公园饮食业，能够充分实现烹饪技术的现代化。

管理系统软件（采购管理信息系统、库存管理信息系统、厨房生产管理信息系统、客户信息管理软件等）也将在公园饮食业中广泛应用。以电脑网络及计算机控制程序为生产和销售的科学化企业运用，不仅可以对餐厅的营业状况进行数据统计及数据分析，而且可以减少服务员的工作量、大幅提高管理效率、降低成本，是提高产品质量和提高生产效率的保证。

5.7 高质量的服务团队

今后的消费者不仅注重餐厅饭菜的质量和特色，将更重视从消费过程中获得的精神满足。饮食业在品

图 5.7–1　听鹂馆 2000 年举办的第六届世界大城市首脑会议闭幕游园招待会

质同质化的时代，服务已经越来越成为商业组织创造竞争优势的最有效手段，饮食业对人员素质的要求也越来越高（图 5.7–1）。

而目前公园饮食业的经营管理者和服务人员的文化素质普遍偏低，从而导致企业文化含量薄弱低下，难以塑造起应有的良好企业形象和弘扬民族饮食文化，公园饮食业快速发展与人才短缺的矛盾日益突出，全面提高员工素质和管理者管理水平是搞活公园饮食业的根本出路。

为此，公园饮食业一要重视人才培养。我国公园饮食业大都都认为饮食行业的进入门槛低，除了厨师、高层管理者，其他并不需要很专业的人才，这种经营理念是极其错误的。快餐巨头麦当劳北京公司就十分注重人才的培养，公司每年仅在培训员工上就要花费 1200 万元，包括日常培训或去美国上汉堡大学。可以说，人员培训是麦当劳发展特许经营取得成功的关键所在。公园饮食业在提高从业人员的文化素质和专业技术素质同时，还要注意培养一批技术创新人才和职业经理人才，使之与现代化饮食企业制度相适应。二要建立健全员工的绩效考核机制。员工的绩效考核是人力资源管理的一项重要内容，是衡量企业员工素质水平及工作质量的重要手段。通过考核，可以掌握员工的劳动态度、工作效果、业务水平及管理水平，从而为对员工的使用及培养提供依据。同时，它还可以调动员工的工作积极性，充分发挥员工的工作潜力，提高企业的服务质量。

5.8　创新意识

美国著名管理学家彼得杜拉克告诫："在变革的年代，经营的秘诀是没有创新就意味着死亡"。创新是饮食企业经营策略中的一个重要内容，也是企业可持续发展的一种动力。

公园饮食企业，尤其是老字号企业品牌，常常以老自居，创新意识淡薄，产品及服务严重滞后。尤其是作为老字号载体的产品，其更新速度慢，很少注意挖掘潜在的客户。

因此公园饮食业要避免观念保守，思维老化，要积极加强饮食产品的开发创新，不仅要适时推出新品种，而且还要对老品种在保持其传统风格的基础上，在生产工艺和产品质量上不断提高，使产品精益求精。

具体来说，在烹饪技法上，要汇集多种烹调技法，融汇各种烹饪风格，贯穿众多流派，形成多种风味，表现出鲜明的个性和特色；在原料选择上，能打破地域界限，调料使用不拘一格，南北融汇，中西合璧，使菜品走出地区限制，走向世界；菜式上不断发展变化，致力于新菜开发，以适应国内外宾客的需要，满足不同地区、不同阶层、不同情况下人们求新求美的饮食需要。

如天坛公园旻园饭庄为迎接 2008 年奥运会，设计"北京名园"造型，做成各种菜肴，既体现了历史名园的特色，又给人带来一种视觉冲击，引发人的联想（图 5.8–1，图 5.8–2）。

来今雨轩在其特色菜肴红楼菜上也有所创新，除了书中记述或情

图 5.8–1　天坛旻园奥运菜肴——五环聚天坛（左）
图 5.8–2　天坛旻园奥运菜肴——心系奥运（右）

节中有记载的，来今雨轩饭庄的师傅们还根据一些情节进行了创新，如雪底芹芽，《红楼梦》的作者曹雪芹的号“雪芹”取自前人“园父初挑雪底芹”之诗句。为了纪念这位伟大的作家，来今雨轩饭庄创制了这道菜肴。此菜是用鸡肉和芹菜芽做成。斑鸠体形似鸽，栖于平原和山地的林间。其肉鲜嫩，爽滑味美，与芹芽同炒，颜色鲜艳，衬以“雪底”，三色分明，色香味形俱佳。还有怡红祝寿，出自《红楼梦》六十三回“寿怡红群芳开夜宴”，说的是为宝玉等人过生日。“怡红祝寿”即根据这一回的描写而创制，贾宝玉也称“怡红公子”，用红色的大对虾为主料寓“红”字。对虾又称大虾、明虾，肉嫩色白，脑肥味美，是典型的高蛋白低脂肪营养食品。这道菜以红色的虾衬绿色的鲜荷叶和雪白的寿桃，色彩美观，借以祝福客人健康长寿，万事如意。

北海仿膳饭庄为了不断挖掘开发宫廷名菜，多次前往故宫博物院，在清宫御膳档案中整理出乾隆、光绪年间数百种菜肴，并据此研制出“燕尾桃花虾”、“一品豆腐”、“海红鱼翅”、“金鱼鸭掌”等菜肴。

在产品创新的同时，还应进行生产技术创新，服务创新等。随着饮食市场需求的不断扩大和饮食社会化、国际化与产业化进程的加速，公园饮食业只有不断创新，不断推出新产品、新服务满足消费者的新需求，才能提高企业的竞争能力。如根据公园功能的不断发展，我们应充分借助公园的景观，提倡游览与餐饮无缝对接的服务水平，如餐饮与水上游览的结合。

参考文献

论著：

[1]（清）李斗，汪北平．涂公雨点校．扬州画舫录．北京：中华书局，1960.

[2]（清）袁枚著．王英志主编．袁枚全集．南京：江苏古籍出版社，1993.

[3] 景山公园管理处．北海景山公园志．北京：中国林业出版社，2000.

[4] 北京市地方志编纂委员会编著．北京志世界文化遗产卷——颐和园志．北京：北京出版社，2004.

[5] 北京市地方志编纂委员会编著．北京志世界文化遗产卷——天坛志．北京：北京出版社，2006.

[6] 北京动物园管理处编．北京动物园志．北京：中国林业出版社，2002.

[7] 北京植物园管理处编．北京植物园志．北京：中国林业出版社，2003.

[8] 沈建龙编著．餐饮服务与管理实务（第二版）．北京：中国人民大学出版社，2007.

[9] 冯玉珠，沈博主编．饮食文化概论．北京：中国纺织出版社，2009.

[10] 李韬．餐饮全面服务管理——抓牢顾客的心．北京：旅游教育出版社，2009.

[11] 秦林．品菜谈史．北京：东方出版社，2007.

[12] 孙大力主编，赵汝樵译. 中国来今雨轩红楼宴. 北京：中国轻工业出版社，1993.
[13] 孙丽坤. 餐饮经营管理. 北京：中国林业出版社 & 北京大学出版社，2010.
[14] 陶然亭公园志编纂委员会编. 陶然亭公园志. 北京：中国林业出版社，1999.
[15] 席坤. 中国饮食. 北京：时代文艺出版社，2009.
[16] 香山公园管理处编. 香山公园志. 北京：中国林业出版社，2001.
[17] 徐海荣主编. 中国饮食史. 北京：华夏出版社，1999.
[18] 周维权. 中国古典园林史（第二版）. 北京：清华大学出版社，1999.
[19] 赵荣光著. 中国饮食文化概论. 北京：高等教育出版社，2003.
[20] 中山公园管理处编. 中山公园志. 北京：中国林业出版社，2002.

论文：

[1] 白秀歧. 故宫名园畔　宾客满高轩——来今雨轩及其宴会菜点. 中国食品，1983（9）：28.
[2] 范敬. 浅议清宫中的中药代茶饮. 中医研究，2009（6）. 2~3.
[3] 胡平. 从“御膳”到“仿膳”. 饭店现代化，2001（3）. 40~41.
[4] 焦金平. 至尊 · 至美 · 至情——写在北京仿膳饭庄80年庆. 商业时代 · 市场，2005（23）：94~96.
[5] 萧南. 老舍一家和仿膳的情结. 海内与海外，2005（6）：38~39.
[6] 熊四智. 吃的幸运（六）仿膳的菜. 四川烹饪，2008（3）：75.
[7] 许志绮. 仿膳尽现宫廷味. 北京工商管理，2001（5）：41.
[8] 袁宏业. 红楼十八馔　款款出名轩——记“来今雨轩”红楼肴馔的创制. 中国食品，1984（2）：4~5.
[9] 左东黎. 满汉全席掌勺人——访北京仿膳饭庄宫廷菜大师董世国. 中国食品，2005：42~43.

后记 Postscript

根据北京市公园管理中心主编的《公园建设管理服务丛书》编写计划及统一部署，颐和园管理处于 2010 年组织编写《公园建设管理服务丛书》之《公园饮食文化》，历经半年时间完成定稿。

编写工作自 2010 年 5 月开始，首先由编写组人员查找公园饮食历史资料、工作档案以及相关论著、论文，并走访各公园餐厅相关人士进行咨询，收集了大量资料，在专家的指导下确定丛书提纲。2010 年 10 月初完成初稿，共计 5 章 9 万字，10 月底通过北京市公园管理中心领导、有关专家以及中国建筑工业出版社初审，根据意见进行修改，2010 年 11 月完成复审稿，经过再次修改、调整，于 2010 年 12 月底完成终审稿。

此次丛书编写工作得到了北京市公园管理中心及中心所属各公园、颐和园管理处领导的高度重视和悉心关怀。北京市公园管理中心总工李炜民多次对丛书的撰写及修改提出指导意见；颐和园园长阚跃、书记毕颐和也十分关注编写工作，在政策上给予大力支持；主管园长对丛书的撰写及修改工作提出了许多专业指示。此外，原颐和园总工耿刘同多次参与丛书编写的讨论会，提出了许多建设性意见。中心所属各公园及恭王府、青年湖公园、中国公园协会等单位也为编写工作提供了大力协助。在此，一并致以衷心地感谢！

《公园饮食文化》内容丰富，涵盖公园饮食历史渊源、特色菜肴、人物典故、科学管理、创新发展等多个层面。囿于编纂水平和学识，对于公园饮食特色的宏观概括及分析未能深入，同时在其他方面也难免存在不足之处，恳请读者予以指正、批评。

编者

2011 年 8 月